高职高专"十一五"公共基础课教学改革规划教材

计算机应用基础

主　编　刘　宏

副主编　李　勇　吴小雷

参　编　马晓荣　王晓芳　王文通

主　审　孙　燕

机械工业出版社

本书通过大量操作实例与实训，由浅入深、循序渐进地介绍了计算机应用的基本知识和技巧。全书共分 6 个模块，内容包括：使用 Windows XP 操作系统、使用网络资源、编辑与处理电子文档、统计与处理数据、制作演示文稿和制作网页。每个模块后都配有技能与技巧、综合训练以及思考与练习，所选案例针对性、可操作性强，并突出知识性、趣味性和实用性。

本书可作为高职高专应用型、技能型人才培养的各类专业的"计算机基础"课程的教学用书，也可供各类计算机培训、从业人员和爱好者参考使用。

为方便教学，本书配备电子课件、实训素材和学生学习辅助软件等教学资源。凡选用本书作为教材的教师均可登录机械工业出版社教材服务网 www. cmpedu. com 免费下载。如有问题请致信 cmpgaozhi@ sina. com，或致电 010 - 88379375 联系营销人员。

图书在版编目（CIP）数据

计算机应用基础/刘宏主编 . —北京：机械工业出版社，2010

高职高专"十一五"公共基础课教学改革规划教材
ISBN 978 - 7 - 111 - 31031 - 0

Ⅰ. ①计… Ⅱ. ①刘… Ⅲ. ①电子计算机—高等学校：技术学校—教材 Ⅳ. ①TP3

中国版本图书馆 CIP 数据核字（2010）第 115087 号

机械工业出版社（北京市百万庄大街 22 号　邮政编码 100037）
策划编辑：王玉鑫　责任编辑：刘子峰
版式设计：张世琴　责任校对：常天培
封面设计：王伟光　责任印制：乔　宇
三河市国英印务有限公司印刷
2010 年 8 月第 1 版第 1 次印刷
184mm×260mm · 13. 25 印张 · 360 千字
0001—4000 册
标准书号：ISBN 978 - 7 - 111 - 31031 - 0
定价：25. 00 元

前　言

随着科学技术的不断进步，计算机已经成为社会经济飞速发展的重要推动力，同时也正以前所未有的速度改变着人们的工作、学习和生活方式，成为现代社会一种十分重要的应用工具。

本书依据高等职业教育人才培养对计算机应用能力的要求，针对高职教学的实际情况并结合课程特点，以适应社会需求为目标，以培养技能为主线，精心选择和组织教学内容，基本覆盖了计算机应用的基本技能与技巧。本书具有如下几个特点：

1. 任务驱动，做学合一。本书既为学生提供了所需要学习的基本知识，又有与学生现有知识经验相关联的任务，让学生在实现任务的过程中去理解知识、掌握技能、总结技巧、解决问题。

2. 精选案例，突出实用。本书选择的案例，针对性、可操作性强，并突出知识性、趣味性和实用性，可以使学生在完成案例的同时，逐步掌握计算机应用的各种技能、技巧。

3. 详略得当，重点突出。本书所介绍的知识、技能不求面面俱到，只涉及实际应用中使用较多的功能，同时避免重复讲述不同软件（如 Word 和 Excel）的类似功能和操作方法。

本书共分 6 个模块，包括使用 Windows XP 操作系统和网络资源、编辑与处理电子文档、统计与处理数据、制作演示文稿以及制作网页。在教学中可按模块分任务进行教学，建议学时分配见下表。

学时分配表

模　块	学　时
模块 1　使用 Windows XP 操作系统	6~8
模块 2　使用网络资源	6~8
模块 3　编辑与处理电子文档	12~16
模块 4　统计与处理数据	12~16
模块 5　制作演示文稿	6~8
模块 6　制作网页	6~8
合计	48~64

本书由刘宏任主编，李勇、吴小雷任副主编，参加编写的老师还有马晓荣、王晓芳、王文通。其中，模块 1 由刘宏编写，模块 2 由马晓荣编写，模块 3 由李勇编写，模块 4 由吴小雷编写，模块 5 由王文通编写，模块 6 由王晓芳编写，刘宏进行了最后的统改定稿工作。

孙燕教授在百忙中对全稿进行了审阅，并为本书的编写提出了指导性的建议。同时，本书的编写得到了陕西职业技术学院李耀辉副院长、建筑工程学院吴建敏院长、安康学院经管系余谦主任和多位职业院校老师的大力支持与帮助，在此一并表示衷心的感谢。

鉴于编者水平有限，书中纰漏和错误在所难免，恳请读者和专家批评指正。

编　者

目　录

前言
模块 1　使用 Windows XP 操作系统 …… 1
 任务 1.1　使用桌面系统 ……………… 1
 任务 1.2　操作窗口 …………………… 7
 任务 1.3　使用资源管理器管理文件 ……… 10
 任务 1.4　系统环境设置与维护 ……… 15
 任务 1.5　中英文录入 ………………… 21
 技能与技巧 ……………………………… 22
 综合训练 ………………………………… 27
 思考与练习 ……………………………… 29
模块 2　使用网络资源 ………………… 31
 任务 2.1　连接计算机网络 …………… 31
 任务 2.2　浏览网页与检索信息 ……… 36
 任务 2.3　下载与保存网络资料 ……… 41
 任务 2.4　网络交流与通信 …………… 47
 技能与技巧 ……………………………… 50
 综合训练 ………………………………… 53
 思考与练习 ……………………………… 55
模块 3　编辑与处理电子文档 ……… 56
 任务 3.1　文档的创建与编辑 ………… 56
 任务 3.2　文档格式化 ………………… 61
 任务 3.3　使用表格 …………………… 65
 任务 3.4　使用图形和对象 …………… 71
 任务 3.5　页面排版与打印 …………… 79
 技能与技巧 ……………………………… 87
 综合训练 ………………………………… 94

 思考与练习 ……………………………… 98
模块 4　统计与处理数据 …………… 100
 任务 4.1　建立与编辑工作表 ……… 100
 任务 4.2　工作表的管理和格式化 …… 106
 任务 4.3　数据处理 ………………… 111
 任务 4.4　文档打印 ………………… 126
 技能与技巧 …………………………… 130
 综合训练 ……………………………… 135
 思考与练习 …………………………… 137
模块 5　制作演示文稿 ……………… 140
 任务 5.1　创建与编辑演示文稿 …… 140
 任务 5.2　控制演示文稿的外观 …… 148
 任务 5.3　使用动画效果和设置超链接 …… 153
 任务 5.4　演示文稿的放映与输出 …… 159
 技能与技巧 …………………………… 164
 综合训练 ……………………………… 169
 思考与练习 …………………………… 173
模块 6　制作网页 …………………… 175
 任务 6.1　制作基本网页 …………… 175
 任务 6.2　布局网页 ………………… 186
 任务 6.3　制作多媒体网页 ………… 195
 任务 6.4　发布网页 ………………… 198
 技能与技巧 …………………………… 200
 综合训练 ……………………………… 203
 思考与练习 …………………………… 205
参考文献 ……………………………… 207

模块 1　使用 Windows XP 操作系统

学习目标

1）熟练使用鼠标与键盘进行系统操作。

2）灵活使用资源管理器管理文件。

3）掌握使用控制面板设置参数与配置环境的方法。

4）初步掌握中英文信息的录入方法。

任务 1.1　使用桌面系统

任务目标

1）了解桌面组成，掌握桌面图标的排列与操作方法。

2）了解任务栏组成，掌握任务栏的属性设置方法。

1.1.1　相关知识

1. 操作系统

操作系统是控制其他程序运行、管理系统资源并为用户提供操作界面的系统软件的集合。它是一个庞大的管理控制程序，大致包括进程与处理器管理、作业管理、存储管理、设备管理和文件管理 5 个方面的管理功能。

1）进程与处理器管理：根据一定的策略将处理器交替地分配给系统内等待运行的程序。

2）作业管理：为用户提供一个使用系统的良好环境，使用户能有效地组织自己的工作流程，并使整个系统高效地运行。

3）存储管理：管理内存资源，主要实现内存的分配与回收、存储保护以及内存扩充。

4）设备管理：负责分配和回收外部设备，以及控制外部设备按用户程序的要求进行操作。

5）文件管理：向用户提供创建文件、撤销文件、读写文件、打开和关闭文件等功能。

目前计算机上常见的操作系统有 Windows XP 和 Linux 等。其中，Windows XP 运行稳定、可靠，兼容性好，能轻松地完成各种管理和操作，是目前应用最为广泛的操作系统。

2. 桌面组成及作用

桌面是用户启动计算机并登录到系统后看到的整个屏幕界面，是用户和计算机进行交流的窗口，主要由背景、图标和任务栏 3 部分组成。

（1）背景　即整个桌面的背景图案。

（2）图标　桌面上的每一个图标代表一个对象，这些图标分为系统图标和快捷图标。

系统图标是安装完成并启动 Windows XP 后，系统自动加载到桌面上的图标对象，主要有"我的文档"、"我的电脑"、"网上邻居"、"回收站"和"Internet Explorer"等。

1）"我的文档"是一个桌面文件夹，主要用来存放和管理用户文档和数据（包括图片文件和音乐文件）。它是 Windows XP 及其应用程序用于保存文档和数据的默认文件夹。

2）"我的电脑"包含了用户正在使用的计算机内置的所有资源，是浏览和使用计算机资源的快捷途径。

3）"网上邻居"能够显示共享计算机、打印机和网络上的其他资源。

4）"回收站"用于暂时存放删除的文件或文件夹。

5）"Internet Explorer"是一个网页浏览工具，可以浏览网络资源。

快捷图标是一种特殊的图标，它本身并不是一个具体的文件或文件夹对象，而只是一个链接指针。通过链接指针可以快速访问某个对象，即双击"快捷图标"可快速打开与其链接的对象。

（3）任务栏 Windows XP的任务栏通常显示在屏幕的底部，从左至右由"开始"按钮、快速启动按钮区、应用程序最小化区和系统提示区四部分组成。

1）"开始"按钮。"开始"按钮位于任务栏的左端，单击"开始"按钮就会弹出"开始"菜单，对计算机的所有操作都可以通过"开始"菜单进行，包括运行各种应用程序和访问系统中的所有资源。

2）快速启动按钮区。在快速启动按钮区中显示安装系统时自动生成的常用应用程序的快捷图标，用鼠标左键单击其中的某个图标可以快速打开该对象。

3）应用程序最小化区。Windows XP是一个支持多任务的操作系统，可以同时打开多个应用程序或窗口，并以标签按钮的形式显示在任务栏的"应用程序最小化区"。其中一个标签按钮颜色较深并且凹陷下去，表示是活动窗口，而颜色较淡且凸出显示的标签按钮表示非活动窗口。用鼠标左键单击不同的标签按钮可以实现窗口间的切换。

4）系统提示区。系统提示区位于任务栏的右端，通常显示一些常驻内存的小工具程序，如"时钟"和"输入法状态指示器"等，便于用户查看和设置。此外，还有其他如"音量控制"、"网络连接状态"和"病毒防火墙"等图标，根据计算机安装组件和系统设置的不同，具体显示信息会有所不同。该区域中不经常使用的图标，系统将自动隐藏，而一旦使用又会重新显示出来。

1.1.2 任务实现

1. 桌面图标的选择

1）移动鼠标到"我的电脑"图标上并单击左键，可以发现图标颜色发生变化，表示选择了该图标。

2）按住<Ctrl>键的同时，移动鼠标到"网上邻居"图标上并单击左键，可以选择多个图标。在桌面空白处单击鼠标左键，则取消选择。

3）首先选择"我的电脑"图标，然后在按住<Shift>键的同时，移动鼠标到"网上邻居"图标上并单击左键，可以选择多个连续图标。在桌面空白处单击鼠标左键，则取消选择。

4）按住鼠标左键不放并拖动，可以选择绘制的矩形框中的所有图标。

2. 桌面图标的排列

1）在桌面空白处单击鼠标右键，将弹出快捷菜单。移动鼠标到"排列图标"命令项上，会显示下一级菜单，如图1-1所示。

2）选择"名称"命令，即可按图标名称排列桌面图标。

3）在快捷菜单中分别选择"大小"、"类型"和"修改时间"命令，使桌面图标分别按大小、类型和修改时间排列，并查看图标的排列规律。

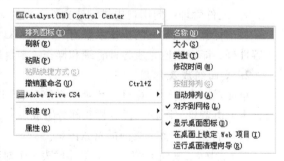

图1-1

4）在快捷菜单中选择"自动排列"命令，查看图标的排列规律。

注意 桌面图标在"自动排列"模式下，图标将无法自由摆放。

3. 桌面图标的其他操作

1）选择"Internet Explorer"图标，单击鼠标右键，在弹出的快捷菜单中选择"重命名"命令，修改"Internet Explorer"为"IE"，按<Enter>键即可实现图标重新命名。

2）选择"我的文档"图标，按住鼠标左键不放并拖动到桌面其他位置，再释放鼠标，即可实现图标的移动。

💡 注意　　　　如果无法拖移图标，查看图标排列方式是否是"自动排列"。

3）移动鼠标到"我的电脑"图标上，双击鼠标左键，打开"我的电脑"窗口，如图 1 - 2 所示。

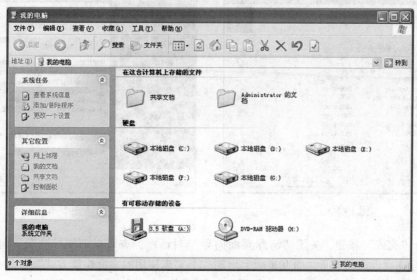

图 1 - 2

4）参照上步操作分别打开桌面上的其他图标，查看效果。

5）用鼠标右键单击任意一个桌面图标，在弹出的快捷菜单中选择"删除"命令（或者用鼠标左键单击桌面图标，然后按 < Delete > 键），在打开的"确认删除"对话框中单击"是"按钮，即可删除桌面图标。

💡 注意　　　　在删除桌面图标时，一般情况下不应删除系统图标，而且"回收站"图标是不可删除的。

6）在桌面空白处单击鼠标右键，在弹出的快捷菜单中选择"排列图标"→"运行桌面清理向导"命令，如图 1 - 3 所示，将启动桌面清理向导，如图 1 - 4 所示。

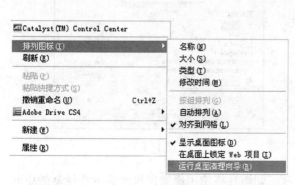

图 1 - 3　　　　　　　　　　　　　　　　图 1 - 4

7）在"清理桌面向导"对话框中，单击"下一步"按钮，在打开的"快捷方式"向导页中选择希望清理的图标，如图1-5所示。

8）单击"下一步"按钮，在打开的"正在完成清理桌面向导"向导页中，查看清理的图标是否是所希望的，如图1-6所示。可以单击"上一步"按钮修改选择。

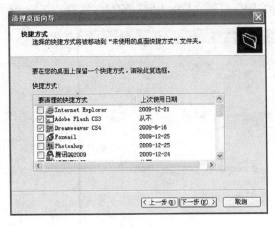

图1-5

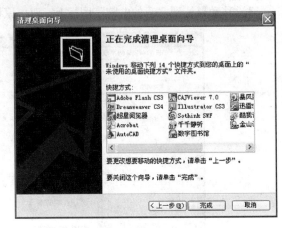

图1-6

9）单击"完成"按钮，关闭"清理桌面向导"对话框，查看桌面图标变化。可以发现，希望清理的图标在桌面上消失了，而在桌面上出现一个"未使用的桌面快捷方式"文件夹。

10）双击"未使用的桌面快捷方式"图标，打开该文件夹，查看其中内容。

4. 更换桌面背景

1）在桌面空白处单击鼠标右键，在弹出的快捷菜单中选择"属性"命令，如图1-7所示，将打开"显示 属性"对话框。

2）在"显示 属性"对话框中，选择"桌面"选项卡，如图1-8所示。在"背景"文本列表框中选择自己喜欢的图片。

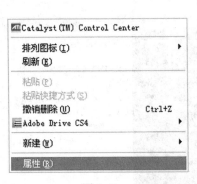

图1-7

图1-8

3）在"位置"下拉列表框中选择"居中"项，则图片将使用原文件尺寸显示在屏幕的中间位置。单击"确定"按钮，查看桌面效果。

4）重新打开"显示 属性"对话框，在"桌面"选项卡的"位置"下拉列表框中选择"平铺"项，则图片将使用原文件尺寸铺满屏幕。单击"应用"按钮，查看桌面效果。

5）若在"位置"下拉列表框中选择"拉伸"项，则图片将被拉伸并填充整个屏幕。单击"应用"按钮，查看桌面效果。

6）在"显示 属性"对话框的"桌面"选项卡中，单击"浏览"按钮，打开"浏览"对话框，如图1-9所示。

7）选择本模块素材文件"壁纸.jpg"，再单击"打开"按钮。

8）在"显示 属性"对话框中，在"位置"下拉列表框中选择"拉伸"项并单击"确定"按钮，查看桌面效果。

5. 任务栏的属性设置

1）在任务栏上的空白处单击鼠标右键，在弹出的快捷菜单中选择"属性"命令，打开"任务栏和「开始」菜单属性"对话框，如图1-10所示。

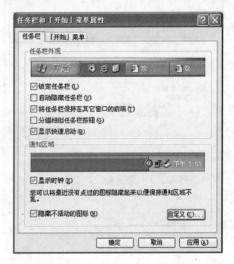

图1-9   图1-10

2）取消"锁定任务栏"选项，单击"应用"按钮。将鼠标移至任务栏上，按住鼠标左键不放，拖动鼠标至屏幕左侧，再释放鼠标，可见任务栏也移至屏幕左侧。

3）使用同样的方法将任务栏分别拖至屏幕上侧、右侧和下侧，分别查看效果。

4）将鼠标移至任务栏的上边缘，当鼠标的指针变为双向箭头时，按住鼠标左键并拖动任务栏的边缘，可以调整其高度。

5）在取消"锁定任务栏"选项的情况下，勾选"自动隐藏任务栏"选项并单击"应用"按钮。查看效果，任务栏会自动隐藏，移动鼠标至屏幕下边缘，任务栏会自动显示。

6）取消"自动隐藏任务栏"选项，单击"应用"按钮。

7）将鼠标移至任务栏的上边缘，当鼠标的指针变为双向箭头时，按住鼠标左键向下拖动，调整任务栏高度，然后勾选"锁定任务栏"选项，单击"应用"按钮。

8）在桌面上多次单击"Internet Explorer"图标，打开多个浏览器窗口。

9）勾选"分组相似任务栏按钮"选项，单击"应用"按钮，查看任务栏变化。

10）取消"分组相似任务栏按钮"选项，勾选"显示快速启动"选项，单击"应用"按钮，查看任务栏变化。

11）取消"显示快速启动"选项及"显示时钟"选项，单击"应用"按钮，查看任务栏变化。

12）勾选"显示时钟"选项，取消"隐藏不活动的图标"选项，单击"应用"按钮，查看任务栏变化。

13）勾选"隐藏不活动的图标"选项，单击"确定"按钮，查看任务栏变化。

14）关闭"任务栏和「开始」菜单属性"对话框。

6. 语言属性设置

1）在任务栏的"输入法状态指示器"图标按钮上单击鼠标右键，在弹出的快捷菜单中选择"设置"命令，打开"文字服务和输入语言"对话框，如图 1 - 11 所示。

2）单击"添加"按钮，打开"添加输入语言"对话框，如图 1 - 12 所示。在"键盘布局/输入法"下拉列表框中选择"中文（简体）- 全拼"输入法。

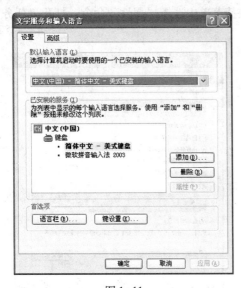

图 1 - 11

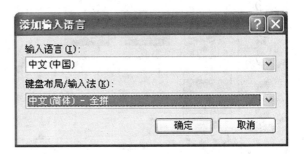

图 1 - 12

 提示　可以根据所使用计算机的实际情况，选择其他输入法。

3）单击"确定"按钮，返回"添加输入语言"对话框，查看变化。

4）在"已安装的服务"列表框中选择"中文（简体）- 全拼"输入法，单击"删除"按钮，删除"中文（简体）- 全拼"输入法。

5）在"已安装的服务"列表框中选择"微软拼音输入法"，单击"属性"按钮，打开"微软拼音输入法输入选项"对话框，如图 1 - 13 所示。根据自己喜好设置相关选项，最后单击"确定"按钮即可。

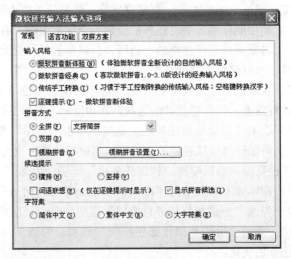

图 1 - 13

任务 1.2 操作窗口

任务目标

1）了解窗口的组成。

2）掌握窗口的基本操作。

3）掌握窗口的切换和排列方法。

1.2.1 相关知识

1. 窗口

窗口是 Windows XP 应用程序运行的基本框架，它限定每一个应用程序或文档都必须在该区域内运行或显示，即无论进行什么操作都是在窗口中进行的。典型窗口如图 1-14 所示。

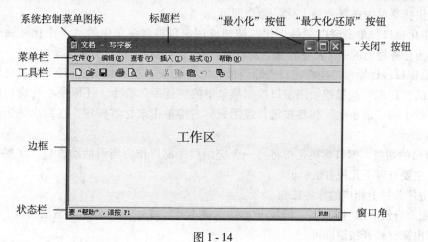

图 1-14

1）系统控制菜单图标：窗口左上角的小图标按钮。单击该图标就可打开如图 1-15 所示的系统控制菜单，包含控制窗口的各种命令，如移动、最大化和关闭等。

2）标题栏：位于窗口的顶部，显示当前应用程序名、文件名和三个控制按钮等。

3）"最小化"按钮：用于将窗口缩小为任务栏上的一个标签按钮。

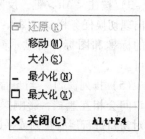

图 1-15

4）"最大化/还原"按钮：用于将窗口扩大至整个桌面或将窗口还原为最大化之前的状态。

5）"关闭"按钮：用于关闭窗口。

6）菜单栏：位于标题栏的下方。菜单栏提供了操纵当前程序或窗口的命令，不同的应用程序其菜单栏内的命令有很大区别，但菜单栏的位置一般不变。

7）工具栏：图形化的菜单，是访问应用程序命令的快捷方法。

8）边框/窗口角：确定了窗口的几何尺寸。利用边框或窗口角，可以很方便地改变窗口的大小。

9）工作区：窗口内的区域为工作区，用户可在这个区域内进行当前应用程序支持的操作。

10）状态栏：位于窗口的底部，显示窗口当前状态或用户当前的操作等有关的信息。

2. 窗口的基本操作

（1）移动窗口　当窗口非最大化或最小化时，将鼠标移到窗口标题栏内，按住鼠标左键拖动至所需位置再松开，即可将窗口从桌面的一处移动到另一处。

（2）改变窗口大小　在窗口非最大化或最小化的情况下，将鼠标移到窗口的边框上，当鼠标指针变成水平或垂直双指向箭头（↔或↕）时，按住鼠标左键并拖动，可改变窗口的宽度或高度；当鼠标指针变成倾斜的双指向箭头（↖或↗）时，按住鼠标左键并拖动，可同时改变窗口的宽度和高度。

（3）最大化、最小化和还原窗口

1）最大化窗口：单击窗口"最大化"按钮、双击窗口标题栏或使用窗口控制菜单中的"最大化"命令，都可以将窗口扩大到整个屏幕，此时"最大化"按钮自动变成"还原"按钮。如果希望将已经最小化的窗口变成最大化窗口，可在任务栏上使用鼠标右键单击所对应的标签按钮，然后在弹出的快捷菜单中选择"最大化"命令即可。

2）最小化窗口：单击窗口"最小化"按钮或用窗口控制菜单中的"最小化"命令，都可以将窗口缩小为任务栏上的一个标签按钮，此时程序在后台运行，窗口为非活动窗口。

3）还原窗口：还原窗口指将窗口还原到最大化或最小化之前的状态。还原最大化窗口的方法是单击窗口的"还原"按钮或使用窗口控制菜单中的"还原"命令。还原最小化窗口的方法是直接单击任务栏上的"最小化"标签按钮，或用鼠标右键单击该标签按钮，在弹出的快捷菜单中选择"还原"命令。

（4）窗口的切换　窗口切换是指将另一个应用程序窗口作为当前活动窗口。在多个窗口之间进行切换，主要有以下几种方法：

1）单击任务栏上相应的标签按钮。

2）使用组合键 < Alt + Esc >，即按下 < Alt > 键不放，按 < Esc > 键依次激活窗口，直至所需窗口全部显示出来，松开按键即可。

3）按住 < Alt > 键，反复按 < Tab > 键，屏幕上会出现切换任务栏，如图 1 - 16 所示。逐一浏览各窗口的标题和图标，当显示到所需窗口时松开按键即可。

图 1 - 16

（5）排列窗口　当桌面上打开了多个窗口时，窗口间会相互遮挡，影响操作。为了操作方便，可以对窗口进行层叠排列或平铺排列。

层叠窗口排列是将窗口按顺序依次叠放在桌面上，每个窗口的标题栏和左边缘可见，最前面的窗口是完全可见的，为当前活动窗口。通过单击窗口可见处可以将该窗口切换为当前活动窗口。

平铺窗口排列是将窗口并列地排列，充满整个桌面，每个窗口都是完全可见的。平铺式排列按照排列的方向不同，又分为横向平铺和纵向平铺。

在"任务栏"的空白处单击鼠标右键，在弹出的快捷菜单中选择其中某个窗口排列命令，就可对窗口进行相应的排列。

（6）关闭窗口　完成对窗口的操作后可通过以下方式关闭窗口：

1）直接单击标题栏上的"关闭"按钮。

2）单击系统控制菜单图标，在弹出的控制菜单中选择"关闭"命令。

3）双击系统控制菜单图标。

3. 对话框

对话框在 Windows XP 的应用程序中大量用于系统设置、获取和交换信息等操作。图 1 - 17 所示为"打印"对话框。

对话框中常见组件的功能和操作方法如下：

1）标题栏：单击"?"按钮后，单击某个对象，可显示关于该对象的解释说明（或打开关联的帮助文档）。

2）选项卡：选项卡代表对话框的各种功能。用鼠标单击可在多个选项卡之间切换。

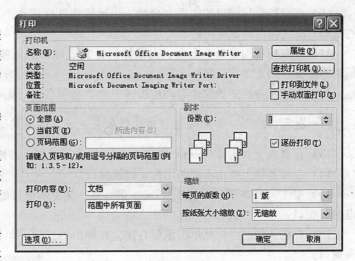

图 1 - 17

3）列表框：用鼠标单击列表框中的某个选项，该选项即被选中。当选项不能全部显示在列表框中时，可用滚动条进行快速查看。

4）下拉列表框：单击下拉列表框的下拉箭头可以打开列表供选择，列表关闭时将显示被选中的选项。

5）文本框：单击文本框的矩形区域即可输入文本信息。

6）复选框：可单击选择一个或多个选项。复选框被选中后，在框中会出现"√"，单击一个被选中的复选框，该选项将被取消。

7）单选按钮：单选按钮为圆形，单击一组选项中的一个，被选中的按钮上出现一个黑点。一组单选按钮对应的选项中，只能有一个选项被选择。

8）命令按钮：单击带文字的矩形命令按钮，该命令即被执行。

9）数值框：单击数值框右边的上下箭头可以改变数值大小，也可以在数值框中直接输入数值。

10）滑标：用鼠标左右或上下拖动滑标可以改变数值大小，一般用于调整参数。

对话框的移动和关闭方法与窗口类似，但对话框没有系统控制菜单图标、菜单栏、"最大化"按钮、"最小化"按钮。窗口的大小是可调的，而对话框的大小一般不可调。

1.2.2　任务实现

1）在桌面上双击"我的电脑"图标，打开"我的电脑"窗口。

2）单击窗口左上角的系统控制菜单图标按钮，打开系统控制菜单，查看菜单组成。

3）选择系统控制菜单中的"最小化"命令，将窗口最小化。

4）在任务栏上用鼠标左键单击"我的电脑"标签按钮，重新显示该窗口。

5）单击窗口的"最大化"按钮，将窗口扩大为整个屏幕，查看此时"最大化"按钮的变化。

6）单击窗口的"还原"按钮，还原窗口。

7）双击标题栏，查看效果；再次双击标题栏，查看效果。

8）将鼠标移到窗口标题栏内，按住鼠标左键不放并拖动至另一位置后松开，移动窗口位置。

9）将鼠标移到窗口的边框上边缘，当鼠标指针变成垂直双指向箭头时，按住鼠标左键并上下拖动，改变窗口的高度。

10）将鼠标移到窗口的边框右边缘，当鼠标指针变成水平双指向箭头时，按住鼠标左键并左右拖动，改变窗口的宽度。

11）将鼠标移到窗口右上角，当鼠标指针变成倾斜的双指向箭头时，按住鼠标左键并拖动，同时改变窗口的宽度和高度。

12）单击任务栏中的快速启动按钮区中的"显示桌面"按钮，显示桌面。

提示　如果快速启动按钮区未显示，参照前述方法设置显示。

13）在桌面上双击"Internet Explorer"图标，打开浏览器窗口。

14）在任务栏上单击不同的图标，切换窗口。

15）按住＜Alt＞键，反复按＜Tab＞键，逐一浏览各窗口的标题和图标，将窗口切换到"我的电脑"窗口。

16）在任务栏的空白处单击鼠标右键，在弹出的快捷菜单中选择"层叠窗口"命令，层叠排列窗口。

17）在任务栏的空白处单击鼠标右键，在弹出的快捷菜单中选择"横向平铺窗口"命令，横向平铺窗口。

18）在任务栏的空白处单击鼠标右键，在弹出的快捷菜单中选择"纵向平铺窗口"命令，纵向平铺窗口。

19）切换到"我的电脑"窗口，单击标题栏上的"关闭"按钮，关闭该窗口。

20）切换到浏览器窗口，双击"系统控制菜单"按钮，关闭该窗口。

21）在桌面上用鼠标右键单击"我的文档"图标，在弹出菜单中选择"属性"命令，打开"我的文档 属性"对话框，如图1-18所示。

22）用鼠标单击各选项卡，了解各参数后，关闭该对话框。

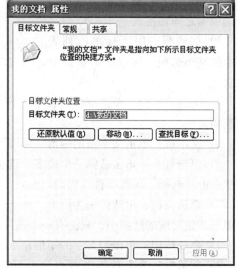

图1-18

任务1.3　使用资源管理器管理文件

任务目标

1）了解资源管理器结构。

2）掌握利用资源管理器组织和管理文件的方法。

3）掌握查找文件的基本方法。

4）掌握回收站的操作方法。

1.3.1　相关知识

1. 文件

文件是存储在外存储器上的数据的集合。文件分为系统文件和用户文件，用户不能修改系统文件的内容，但可根据需要对用户文件进行创建和修改。

为了区别不同的文件，每一个文件都必须有唯一的标识，称为文件名。在同一目录下的文件不允许同名。

文件名由文件名称和扩展名两部分组成，两者之间用"．"相连，如"计算机应用基础．doc"。其中，文件名称由系统或用户命名，扩展名既可以由用户建立，也可以取应用程序的默认值。

文件名称代表一个文件的实体，扩展名则代表文件的类型。一般情况下，一个文件（用户文件）名称可以任意修改，但扩展名不可修改。常用的扩展名及其含义见表1-1。

表1-1

扩展名	含　义	扩展名	含　义
COM	命令文件	XLS	Excel 电子表格文件
SYS	系统文件	DOC	Word 文档文件
EXE	可执行文件	PPT	PowerPoint 演示文稿文件
BMP	位图文件	TXT	文本文件
WAV	声音文件	ZIP、RAR	压缩文件

2. 文件夹

文件夹是用来组织和管理磁盘文件的一种数据结构。一个文件夹中可以包含若干个子文件夹和文件。

文件夹的命名与文件的命名规则相同，但在同一目录下的文件与文件夹、文件夹与文件夹不允许同名。通常文件夹没有扩展名。

3. 复制文件

复制文件是指将文件或文件夹对象备份到新的位置，原位置对象仍然存在。复制文件或文件夹的主要方法有以下几种：

1）选定复制对象，选择菜单栏中的"编辑"→"复制"命令，或单击工具栏中的"复制"图标按钮，或按 < Ctrl + C > 快捷键；接着选择目标位置，选择菜单栏中的"编辑"→"粘贴"命令，或单击工具栏"粘贴"图标按钮，或按 < Ctrl + V > 快捷键。

2）在同一驱动器中按 < Ctrl > 键的同时按住鼠标左键拖动复制对象，或在不同驱动器中按住鼠标左键拖动复制对象（此时鼠标指针右下角出现一个"＋"号），将复制对象拖动到目标位置。

3）按住鼠标右键拖动复制对象到目标位置后释放，在弹出的快捷菜单中选择"复制到当前位置"命令，如图1-19所示。

图1-19

4. 移动文件

移动文件是指将文件或文件夹对象移动到一个新的位置，原位置对象将消失。移动文件或文件夹的主要方法有以下几种：

1）选定移动对象，选择菜单栏中的"编辑"→"剪切"命令，或单击工具栏"剪切"图标按钮，或按 < Ctrl + X > 快捷键；接着选择目标位置，选择菜单栏中的"编辑"→"粘贴"命令，或单击工具栏中的"粘贴"图标按钮，或按 < Ctrl + V > 快捷键。

2）在同一驱动器中按住鼠标左键拖动移动对象或在不同驱动器中按 < Shift > 键的同时按住鼠标左键拖动移动对象，将移动对象拖动到目标位置。

3）按住鼠标右键拖动复制对象到目标位置后释放，在弹出的快捷菜单中选择"移动到当前位置"命令。

5. 删除文件

在 Windows XP 中,删除硬盘上的文件或文件夹对象的操作分为逻辑删除和物理删除两种。

1) 逻辑删除:逻辑删除是将对象放入"回收站"。选中希望删除的文件或文件夹,按下 <Delete> 键,在弹出的对话框中单击"是"按钮即可。

2) 物理删除:物理删除是将对象从硬盘中彻底删除。选中希望删除的文件或文件夹,按下 <Shift> 键的同时,按下 <Delete> 键,在弹出的对话框中单击"是"按钮即可。

> 注意　　删除其他磁盘(如 U 盘)的文件或文件夹对象都是物理删除,即直接从磁盘中彻底删除。

1.3.2　任务实现

1) 用鼠标右键单击"开始"按钮或"我的电脑"、"我的文档"、"网上邻居"和"回收站"等图标,在弹出的快捷菜单中选择"资源管理器"命令,打开资源管理器窗口,如图 1-20 所示。

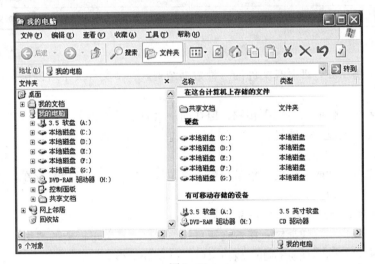

图 1-20

2) 在左侧"文件夹"列表中选择"本地磁盘(D:)",在菜单栏中选择"文件"→"新建"→"文件夹"命令,此时窗口中将出现一个名称为"新建文件夹"的文件夹,重新命名为"文件备份",按 <Enter> 键,或者在文件夹名称外单击鼠标左键。

3) 双击打开"文件备份"文件夹,用鼠标右键单击空白处,在弹出的快捷菜单中选择"新建"→"文件夹"命令,如图 1-21 所示。

4) 此时窗口中也将出现一个文件夹,将其重新命名为"图像文件",按 <Enter> 键确定。

5) 重复步骤 3) ~4),新建"文本文件"和"通信"文件夹。

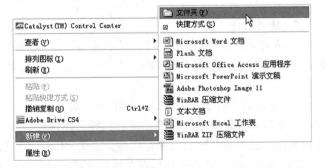

图 1-21

6) 打开"文本文件"文件夹,在菜单栏中选择"文件"→"新建"→"Microsoft Word 文档"命令,此时窗口中将出现一个"新建

Microsoft Word 文档.doc"文件。在菜单栏中选择"文件"→"重命名"命令，将文件重新命名为"通讯录.doc"，按＜Enter＞键，或者在文件名称外单击鼠标左键。

7）用鼠标右键单击"通讯录.doc"文件，在弹出的快捷菜单中选择"重命名"命令，将文件重新命名为"联系方式.doc"，按＜Enter＞键确定。

8）双击"联系方式.doc"打开文件，可以看到文件中没有任何内容，切换到资源管理器窗口，重新命名"联系方式.doc"文件为"通讯录.doc"，按＜Enter＞键，或者在文件名称外单击鼠标左键，会出现错误提示框，提示不能对打开的文件重命名，如图1-22所示。

9）关闭"联系方式.doc"文件，重新命名"联系方式.doc"文件为"联系方式.txt"，按＜Enter＞键，会弹出提示框，提示改变文件扩展名会导致文件不可用，如图1-23所示。一般情况下不要随意改变文件扩展名。单击"否"按钮关闭对话框。

图1-22

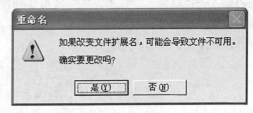

图1-23

10）用鼠标右键单击文件"联系方式.doc"，在弹出的快捷菜单中选择"复制"命令。

11）打开"通信"文件夹，用鼠标右键单击空白处，在弹出的快捷菜单中选择"粘贴"命令，复制文件到此文件夹。

12）用鼠标右键单击文件名"联系方式.doc"，在弹出的快捷菜单中选择"剪切"命令。

13）打开"文本文件"文件夹，用鼠标右键单击空白处，在弹出的快捷菜单中选择"粘贴"命令，移动文件到此文件夹中。此时会弹出提示框，如图1-24所示。单击"是"按钮将替换同名文件。

注意　　遇到这种情况应谨慎操作。

14）按＜Ctrl＞键的同时按住鼠标左键拖动文件"联系方式.doc"至空白处，释放鼠标，会生成备份文件"复件 联系方式.doc"。

15）选择文件"复件 联系方式.doc"，单击＜Delete＞键，或用鼠标右键单击文件"复件 联系方式.doc"，在弹出的快捷菜单中选择"删除"命令，将弹出"确认文件删除"提示框，如图1-25所示。单击"是"按钮即可删除该文件。

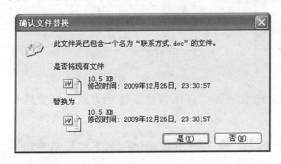

图1-24

图1-25

16）在桌面上双击"回收站"图标，打开"回收站"窗口。

17）用鼠标右键单击文件"复件 联系方式.doc"，在弹出的快捷菜单中选择"还原"命令，还原文件到源文件夹。

18）重复步骤15）～16），用鼠标右键单击空白处，在弹出的快捷菜单中选择"清空回收站"命令，清空回收站。这一操作会将文件彻底从硬盘删除。

 注意　　遇到这种情况应谨慎操作。

19）打开"文本文件"文件夹，用鼠标右键单击文件"联系方式.doc"，在弹出的快捷菜单中选择"发送到"→"桌面快捷方式"命令，为该文件创建一个桌面快捷方式。

20）在工具栏中单击"搜索"图标按钮，在左窗格中的"要搜索的文件或文件夹名为"文本框内输入查找对象名"联系方式"（可含通配符"*"或"?"，如"*.doc"等），在"搜索范围"框中选择"本地磁盘（D:）"，单击"立即搜索"按钮，系统将开始搜索查找，在右侧窗格中查看搜索结果，如图1-26所示。

技巧　　可以使用星号（*）代替0个或多个字符。如希望查找以"AEW"开头的一个文件，但忘记了文件名的其余部分，输入"AEW*"，可以查找到以"AEW"开头的所有文件类型的文件，如"AEWT.txt"、"AEWI.dll"等。要缩小范围可以输入文件的扩展名，如"AEW*.txt"。

可以使用问号（?）代替一个字符。如输入"love?"，可以查找以"love"开头的由5个字符组成文件名的文件，如lovey、lovei等。要缩小范围也可以输入文件的扩展名，如"love?.doc"。

21）在右侧窗格中，用鼠标右键单击空白处，在弹出的快捷菜单中选择"查看"→"缩略图"命令，如图1-27所示，改变文件的显示方式，查看效果。

图1-26

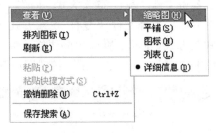

图1-27

22）重复上步，分别选择"平铺"、"图标"、"列表"和"详细信息"显示方式，查看显示效果。

提示　　也可以直接在常用工具栏中单击"查看"图标按钮，在下拉菜单中选择一种显示方式。

任务1.4 系统环境设置与维护

任务目标
1）掌握外观与主题设置方法。
2）掌握鼠标与键盘属性设置方法。
3）掌握系统维护的基本方法。

1.4.1 相关知识

1. 主题

主题是指 Windows XP 的视觉外观，是个性化界面的体现，包含风格、壁纸、屏幕保护、鼠标指针、系统声音和图标等。除了风格是必须的之外，其他部分都是可选的。风格可以定义的内容是在 Windows XP 里所能看到的一切，如窗口的外观、字体、颜色和按钮的外观等。通过设置主题，可以得到用户喜欢、便捷的工作界面。

2. 屏幕保护的作用

1）保护显示器：通过避免长时间显示相同的画面，达到保护 CRT 显示器或液晶显示器，从而延长显示器的使用寿命的目的。

2）保护个人文件：如果用户暂时离开，为了防范别人偷窥存放在计算机上的一些文件，可以设置待机恢复密码，这样，当别人想用计算机时，会弹出密码输入框，输入密码不正确则无法进入桌面，从而保护个人隐私。

3）省电：一般的屏幕保护程序都比较暗，大幅度降低屏幕亮度，有一定的省电作用。

3. 用户账户

用户账户用于为共享计算机的每个用户提供个性化的 Windows 系统。可以选择自己的账户名、图片和密码，并选择将只适用于自己的其他设置。有了用户账户，创建或保存的文档将存储在自定义的"我的文档"文件夹中，而与使用该计算机的其他用户的文档分隔开。

如果用户账户使用密码，那么该用户所有文件都会得到安全和隐私保护，使得其他用户无法看到它们。但是，如果想让其他用户能够访问某些项，仍然可以将它们标记为共享。如果用户账户没有使用密码，那么其他用户将能够访问该账户，并且能够看见所有文件夹和文件。

如果用户拥有计算机管理员权限，那么可以创建、删除和更改计算机上的所有用户账户，可以在计算机上创建任意数量的账户，并且对计算机上的所有账户拥有完全访问权。

4. 鼠标

鼠标是 Windows 环境下最常用的定位设备。鼠标的两个键称为左键和右键，本身没有固定的功能定义，由应用程序自己定义。当移动鼠标时，屏幕上会有一个小的图形跟着同步移动，这个小的图形称为鼠标指针。使用鼠标操作过程中，指针的形状会发生变化，指针形状的变化代表着可以进行的操作，见表1-2。

表1-2

指针形状	形状说明	含　义
�	正常选择	表示鼠标处于闲置状态，随时可执行任务
⍰?	帮助选择	单击对话框问号按钮后的指针形状，此时单击某个对象，可显示关于该对象的解释说明
⍰⌛	后台运行	表示系统正在执行任务，但还可以执行其他任务

（续）

指针形状	形状说明	含　义
⧗	忙碌	表示系统正在执行任务，暂时不能执行其他任务
I	选定文本	表示指针处可进行字符操作
↕	垂直调整	指向窗口上、下边框时的指针形状，拖动指针可改变窗口高度
↔	水平调整	指向窗口左、右边框时的指针形状，拖动指针可改变窗口宽度
⤢ ⤡	沿对角线调整	指向窗口四角时的指针形状，拖动指针可同时改变窗口高度和宽度
✛	移动	表示此时移动指针可移动所选对象
🖑	链接选择	表示单击该对象可打开相应的链接

5. 键盘

在 Windows 中，利用键盘也可以完成对系统的操作。与鼠标一样，键盘上每一个键的功能没有统一规定，都是由应用程序自己定义的，但是大部分的应用程序对部分键的定义是相同或类似的，如 < F1 > 键通常用于帮助。

在键盘操作中，可以将两个键或三个键同时按下，称为组合键。组合键一般用加号或连字符表示，如 < Ctrl + Alt + Del >。

键盘上还有两个专为 Windows 操作系统设计的专用键，即"▤"键和"▨"键。前者用于打开选中对象的快捷菜单，相当于单击鼠标右键；后者用于打开"开始"菜单，相当于在 Windows 桌面的任务栏上用鼠标单击"开始"按钮。Windows 定义了一组快捷键来帮助用户更方便、快捷地使用操作系统，见表 1 - 3。掌握这些基本的键盘操作技巧并灵活使用，可以加快操作速度。

表 1 - 3

按　键	功　能	按　键	功　能
▨ + D	显示桌面	Esc	取消当前任务
▨ + E	打开"我的电脑"窗口	Del	删除选中的对象
▨ + M	最小化所有窗口	Shift + Del	永久删除选中的对象
F1	显示帮助信息	Ctrl + C	将选中的对象复制到剪贴板
F2	文件或文件夹重命名	Ctrl + X	将选中的对象剪切到剪贴板
Alt + F4	关闭当前活动窗口或应用程序	Ctrl + V	将剪贴板内容复制到当前位置
Ctrl + F4	关闭当前文档	Ctrl + Z	撤销上次操作
Alt + Tab	切换任务	Ctrl + 空格	中英文输入法切换
Alt + Esc	切换窗口	Ctrl + Shift	各种输入法间切换

1.4.2　任务实现

1. 设置外观与主题

1）打开"控制面板"窗口。

2）单击"外观和主题"图标，打开"外观和主题"窗口，如图 1 - 28 所示。

3）单击"更改计算机的主题"选项或"显示"图标，打开"显示 属性"对话框，切换到"主题"选项卡，如图 1 - 29 所示。

4）在"主题"下拉列表框中，选择一种喜欢的主题。

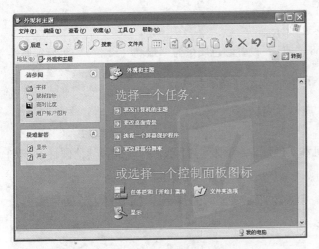

图 1 - 28   图 1 - 29

技巧　　　可在下部预览窗口中查看效果，也可以单击"应用"按钮在桌面上查看效果。

5) 切换到"屏幕保护程序"选项卡，如图 1 - 30 所示。

6) 在"屏幕保护程序"下拉列表框中选择一种屏幕保护程序，在"等待"数值框中设置等待时间。

7) 单击"预览"按钮，查看效果。

8) 单击鼠标左键，返回"显示 属性"对话框。单击"电源"按钮，在打开的"电源选项 属性"对话框中设置电源的相关属性后，单击"确定"按钮，返回"显示 属性"对话框。

9) 勾选"在恢复时使用密码保护"选项。

10) 切换到"外观"选项卡，如图 1 - 31 所示。

图 1 - 30   图 1 - 31

11) 设置桌面上各种元素的外观，包括窗体和按钮、色彩方案、字体大小（正常、大字体、特大字体）等。

12) 单击"高级"按钮，在"高级外观"对话框中的"项目"下拉列表框中选择对应的项目进行个别设置（如图标、标题栏字体大小）。

13）切换到"设置"选项卡，如图 1 - 32 所示。

14）设置显示器的分辨率为"1024×768 像素"，设置颜色质量为"最高（32 位）"等显示属性。

注意 要根据所使用的显示器和显卡的性能合理设置。

15）单击"确定"按钮，关闭"显示 属性"对话框。

2. 设置键盘与鼠标

1）在"控制面板"窗口单击"打印机和其他硬件"图标，打开"打印机和其他硬件"窗口，如图 1 - 33 所示。

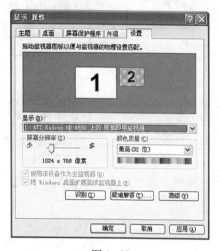

图 1 - 32

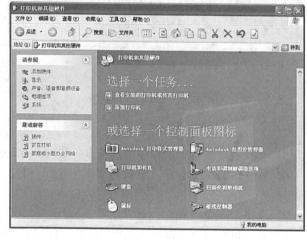

图 1 - 33

2）单击"键盘"图标，打开"键盘 属性"对话框，如图 1 - 34 所示。

3）拖动滑块调整键盘按键反应的快慢以及文本光标的闪烁频率，满意后单击"确定"按钮关闭对话框。

4）在"打印机和其他硬件"窗口中，单击"鼠标"图标，打开"鼠标 属性"对话框，如图 1 - 35 所示。

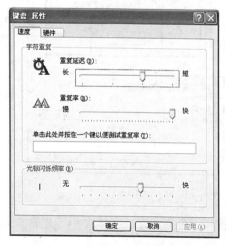

图 1 - 34

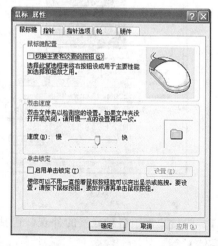

图 1 - 35

5）在不同的选项卡中，参照说明分别设置鼠标左右键操作方式、鼠标双击的速度、鼠标指针在屏幕移动的速度、是否显示鼠标移动的轨迹和鼠标滑轮一次滚动的行数等，满意后单击"确定"按钮关闭对话框。

3. 系统维护

1）在"控制面板"窗口单击"性能和维护"图标，打开"性能和维护"窗口，如图 1 - 36 所示。

2）单击"系统"图标，打开"系统属性"对话框，如图 1 - 37 所示。

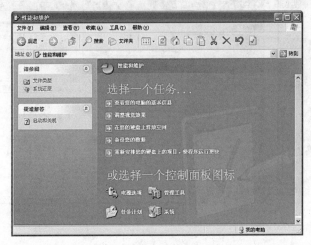

图 1 - 36   图 1 - 37

3）切换到不同的选项卡，了解系统的相关属性。

4）在"性能和维护"窗口中单击"在您的硬盘上释放空间"选项，打开"选择驱动器"对话框，如图 1 - 38 所示。

提示　　　通过"磁盘清理"操作，可以清理因意外（如断电、非正常关机）而产生的临时文件，提高磁盘的可用空间。

5）选择需要清理的磁盘驱动器（如 C 盘）并单击"确定"按钮，等待片刻，将打开"（C：）的磁盘清理"对话框，如图 1 - 39 所示。

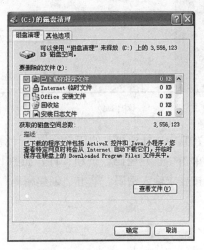

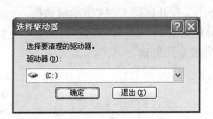

图 1 - 38   图 1 - 39

6）在"要删除的文件"列表框中选择要删除的临时文件类别，再单击"确定"按钮，完成磁盘清理操作。

4. 设置账户

1）在"控制面板"窗口单击"用户账户"图标，打开"用户账户"窗口，如图1-40所示。

2）在"用户账户"窗口中单击"创建一个新账户"选项，启动"用户账户"向导，如图1-41所示。

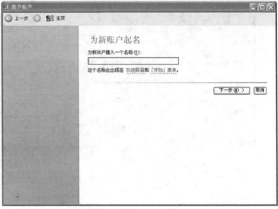

图1-40 图1-41

3）输入账户名称，单击"下一步"按钮，挑选一个账户类型，如图1-42所示。

4）单击"创建账户"按钮，即可创建一个账户。

5）在"用户账户"窗口中单击"更改账户"选项，打开如图1-43所示对话框。

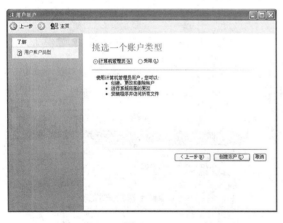

图1-42 图1-43

6）在其中选择要更改的用户，如"计算机管理员"，打开如图1-44所示对话框。

7）单击"创建密码"选项，打开如图1-45所示对话框。

8）按要求输入密码，单击"创建密码"按钮，完成密码创建。

图 1-44

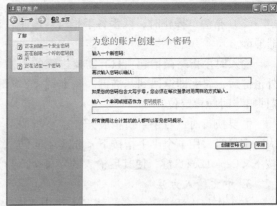
图 1-45

任务1.5 中英文录入

任务目标

1）了解计算机键盘输入的基本方法和要领。

2）掌握中英文字符的输入方法和技巧。

1.5.1 相关知识

1. 操作姿势

计算机键盘输入是一项技术性的工作，它以键盘为工具，按一定的规则通过视觉和手指的条件反射作用，快速地在键盘上敲击相应按键。正确的操作姿势有利于提高输入速度。初学者从第一次上机开始就要注意击键的姿势。如果姿势不正确，不但会影响输入的速度与准确性，而且容易疲劳，以后想纠正也很困难。

正确的操作姿势是上臂和肘应靠近身体，下臂和腕略向上倾斜，与键盘保持相同的斜度。手指微曲，轻轻放在与各手指相关的基准键位上，座位的高低应便于手指操作。双脚踏地，切勿悬空。为使身体得以平衡，应使身体躯干挺直而微前倾，全身自然放松。显示器宜放在键盘的正后方，输入的文稿一般放在键盘的左侧，以便于阅读。

2. 规范化的指法

（1）基准键 基准键共有8个，左边的4个键是<A>、<S>、<D>、<F>，右边的4个键是<J>、<K>、<L>、<；>。操作时，左手小拇指放在<A>键上，无名指放在<S>键上，中指放在<D>键上，食指放在<F>键上；右手小拇指放在<；>键上，无名指放在<L>键上，中指放在<K>键上，食指放在<J>键上，如图1-46所示。

图 1-46

（2）键位分配 提高输入速度的途径和目标之一是实现盲打（即击键时眼睛不看键盘只看稿纸），为此要求每一个手指所击打的键位是固定的。左手小拇指管辖<Z>、<A>、<Q>、<1>键；无名指管辖<X>、<S>、<W>、<2>键；中指管辖<C>、<D>、<E>、<3>键；食指管辖<V>、<F>、<R>、<4>和<B>、<G>、<T>、<5>键；右手4个手指管辖范围依次类推，两手的拇指负责空

22

格键。

（3）指法　操作时，两手各手指自然弯曲、悬腕放在各自的基准键位上，眼睛看稿纸或显示器屏幕。

输入时手指略微抬起，只有需要击键的手指可伸出击键，击键后手形恢复原状。在基准键以外击键后，要立即返回到基准键。基准键<F>键与<J>键下各有一凸起的短横作为标记，供"回归"时触摸定位。

需要换行时，右手4指稍展开，用小指按下<Enter>键后，立即返回到原基准键位上。输入大写字母时，用1个小指按下<Shift>键不放，用另一只手的手指敲击相应的字母键，有时也可按下<Caps Lock>键，使其后输入的字母全部为大写字母。

3. 中文输入方法

在工作与生活中，大多数情况下都需要输入中文，在 Windows 操作系统中有一种专门用于输入中文的软件，称为"中文输入法"。

进入 Windows 操作系统以后，在系统主界面下方会自动加载一个语言栏，语言栏位于任务栏右侧，单击语言栏图标，会打开一个菜单，如图 1-47 所示。其中包含了一些已安装的中文输入方法，使用这些输入法，可以轻松地将汉字输入到计算机中。

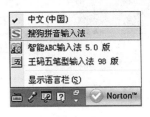

图 1-47

1.5.2　任务实现

1）通过"开始"菜单启动"附件"中的"记事本"程序。

2）将鼠标移动到"记事本"窗口内单击左键，将插入光标定位在记事本中。

3）反复输入基本键位"A S D F G H J K L ;"。

4）反复输入上排键位"Q W E R T Y U I O P"。

5）反复输入下排键位"Z X C V B N M ，。/"。

6）反复输入26个英文字母"A B C D E F G H I J K L M N O P Q R S T U V W X Y Z"。

7）自选一段英文短文输入到记事本中。

8）单击任务栏右边的语言栏图标，在弹出菜单中选择相应的中文输入法，如"智能 ABC 输入法"。任务栏右侧的"英文输入"图标变为"智能 ABC 输入法"图标，同时在屏幕的右下角出现"智能 ABC 输入法"的状态栏。

9）将光标定位到记事本中，自选一段中文短文输入到记事本中。

10）使用"金山打字"等软件练习中英文输入，进一步掌握输入技巧，提高中英文输入的速度。

技能与技巧

1. 扫描与检查磁盘

Windows XP 系统内置的磁盘扫描和检查工具可以扫描"FAT"和"NTFS"卷、检查错误和修复损坏的扇区等。

1）打开"我的电脑"窗口，用鼠标右键单击"本地磁盘（D:）"，在弹出的快捷菜单中选择"属性"命令，打开"本地磁盘（D:）属性"对话框，选择"工具"选项卡，如图 1-48 所示。

2）单击"查错"选项栏中的"开始检查"按钮，打开"检查磁盘 本地磁盘（D:）"对话框，如图 1-49 所示。勾选"自动修复文件系统错误"和"扫描并试图恢复坏扇区"选项，再单击"开始"按钮，系统将开始检查。系统完成磁盘检查后，将自动打开完成

23

提示窗口，单击"确定"按钮，完成磁盘检查操作。

图 1 - 48

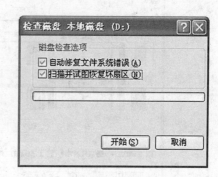
图 1 - 49

2. 磁盘碎片整理

计算机系统经过一段时间使用后，会在磁盘上产生大量的碎片文件，导致计算机系统性能下降。因此，应定期对磁盘碎片进行整理。

1）选择"开始"→"程序"→"附件"→"系统工具"→"磁盘碎片整理程序"命令，打开"磁盘碎片整理程序"对话框，选择"（D:）"盘，如图 1 - 50 所示。

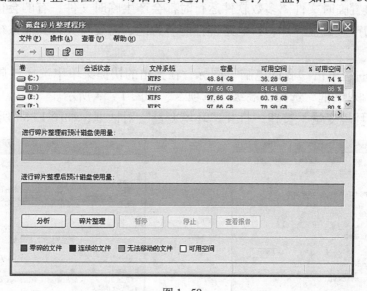
图 1 - 50

2）单击"分析"按钮，系统对 D 盘进行碎片分析后，提出是否进行磁盘碎片整理建议，如图 1 - 51 所示。

3）单击"碎片整理"按钮，系统自动进行碎片整理工作，并且在信息框中显示碎片整理的进度和各种文件信息，如图 1 - 52 所示。

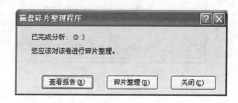
图 1 - 51

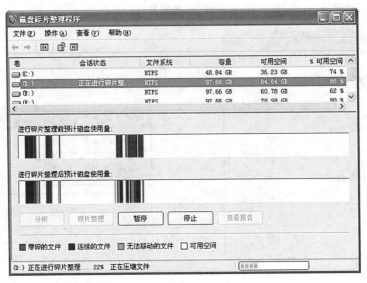

图 1 - 52

4）系统完成"碎片整理"后，将自动打开完成提示窗口，单击"关闭"按钮，完成"碎片整理"操作。

3. 设置环境变量

环境变量是用来定义系统工作环境，其中临时变量"TEMP"和"TMP"用于设置应用程序在何处放置临时文件。多数软件运行时都会产生临时文件，有的会很大，占用很大的空间，又容易产生磁盘碎片，影响系统性能。为此，需要将其改到非系统盘中的文件夹（如 D:\Temp）中。

1）用鼠标右键单击"我的电脑"图标，在弹出的快捷菜单中选择"属性"命令，弹出"系统属性"对话框，选择"高级"选项卡，如图 1 - 53 所示。

2）单击"环境变量"按钮，打开"环境变量"对话框，如图 1 - 54 所示。

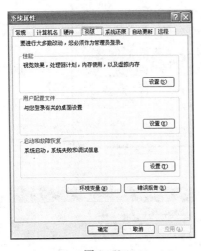

图 1 - 53

图 1 - 54

3）在"用户变量"和"系统变量"中，分别选择"TEMP"和"TMP"，单击"编

辑"按钮，在打开的对话框中输入变量值"D：\
Temp"，如图1-55所示，单击"确定"按钮应用设置。

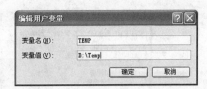

图1-55

4. 使用组策略

组策略是用来控制应用程序、系统设置和管理模板
的一种机制。组策略使用更完善的管理组织方法，可以
对各种对象中的设置进行管理和配置。

1）选择"开始"→"运行"命令，打开"运行"
对话框，在"打开"文本框中输入"gpedit.msc"，如
图1-56所示。

2）单击"确定"按钮，启动"组策略"窗口，在
左侧窗格中，展开"管理模板"项，选择"任务栏和
「开始」菜单"项，如图1-57所示。

图1-56

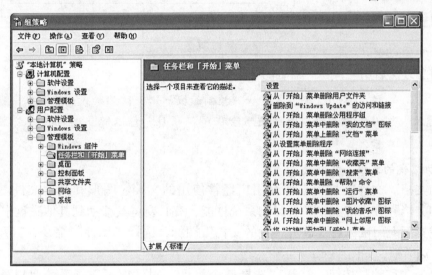

图1-57

3）右窗格中将提供诸多与"任务栏
和「开始」菜单"的有关策略。双击"不
要保留最近打开文档的记录"选项，打开
"不要保留最近打开文档的记录 属性"对
话框，如图1-58所示。

4）在打开的窗口中选择"已启用"
单选按钮，单击"应用"或"确定"按
钮，在"开始"菜单的"文档"中不会再
出现打开过的文档记录。

5）在左侧窗格展开的"管理模板"
项中，展开"控制面板"项，选择"添加
或删除程序"项，如图1-59所示。

图1-58

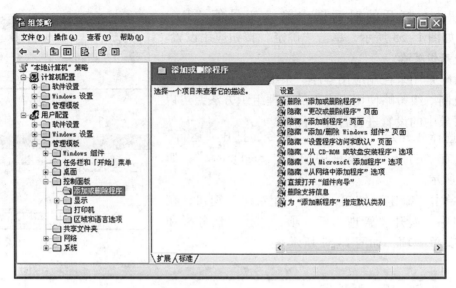

图 1 - 59

6) 同上方法启用"删除'添加或删除程序'"策略。

提示　　　启用这个设置将从"控制面板"删除"添加或删除程序"选项，并从菜单删除"添加或删除程序"项目，可以阻止其他用户安装和卸载程序。

5. 移动"我的文档"文件夹

"我的文档"文件夹是用来保存用户经常使用的文档、图形和其他文件。默认情况下，"我的文档"在系统盘中，会影响系统性能，有必要将其移动到其他磁盘中。

1）在桌面上用鼠标右键单击"我的文档"图标，选择"属性"命令，打开"我的文档 属性"对话框，如图 1 - 60 所示。

2）单击"移动"按钮，打开"选择一个目标"对话框，选择系统盘以外的其他磁盘，例如本地磁盘（D:），如图 1 - 61 所示，单击"确定"按钮，完成移动操作。

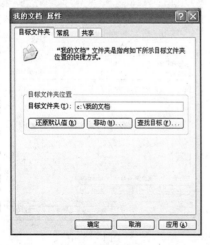

图 1 - 60

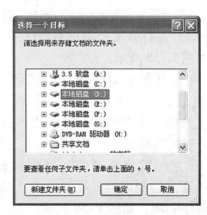

图 1 - 61

6. 使用"任务管理器"

"任务管理器"提供关于在系统中当前运行的应用程序和进程、内存和 CPU 使用性能状态、网络连接及登录用户等信息。

1）用鼠标右键单击任务栏空白处，在弹出菜单中选择"Windows 任务管理器"命令或按 < Ctrl + Alt + Del > 键，启动"Windows 任务管理器"程序，如图 1 - 62 所示。

2）在"应用程序"选项卡中显示了正在运行的应用程序，选择希望结束的程序或处于没有响应的程序，如"我的电脑"，单击"结束任务"按钮，即可结束该程序。

 提示　如果还不能结束任务，可用鼠标右键单击该程序，在弹出菜单中选择"转到进程"命令，进入"进程"选项卡来结束该进程。

3）切换到"进程"选项卡，如图 1 - 63 所示，检查其中的"CPU"信息列，选择 CPU 占用率较大的非系统进程，单击"结束进程"按钮，结束进程。

图 1 - 62

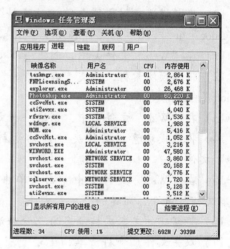
图 1 - 63

提示　进程是操作系统当前正在运行的程序，有些进程是保证系统正常运行所需的（系统进程），有些进程是应用程序进程，也有些进程是不必要的系统服务，还有病毒或木马等风险程序的进程。必要的系统进程有"Svchost. exe"、"Explorer. exe"（系统外壳进程）、"Winlogon. exe"、"System"、"alg. exe"、"smss. exe"、"Services. exe"、"Csrss. exe"、"System Idle Process"（空闲进程）等。

综 合 训 练

1）打开"资源管理器"，在 D 盘中创建一新文件夹，命名为"Web"。

2）选择菜单栏中的"工具"→"文件夹选项"命令，打开"文件夹选项"对话框，选择"查看"选项卡，如图 1 - 64 所示。

3）取消"隐藏已知文件类型的扩展名"选项，单击"确定"按钮，关闭该对话框。

4）打开本模块素材文件夹"建站资料"，在空白处单击鼠标右键，在弹出的快捷菜单中选择"排列图标"→"类型"命令，将该文件夹中的文件按文件类型排列，分析文件的种类。

5）在 D 盘的"Web"文件夹中，创建一新文件夹，命名为"images"。

6）将本模块素材文件夹"建站资料"中扩展名为".bmp"、".jpg"、".gif"和".png"的图像类型文件移动至"images"文件夹中。

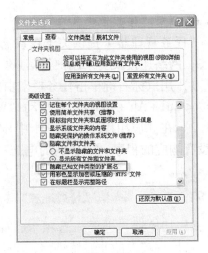

图 1 - 64

7）展开"images"文件夹，在空白处单击鼠标右键，在弹出的快捷菜单中选择"排列图标"→"大小"命令，将该文件夹中的文件按文件大小排列。

8）将其中的文件按递增顺序用数字序号重新命名。

9）在"Web"文件夹中，创建一新文件夹，命名为"files"。

10）将本模块素材文件夹"建站资料"中扩展名为".doc"和".txt"的文件移动至"files"文件夹中。

11）在"Web"文件夹中，创建一新文件夹，命名为"Animations"。

12）将本模块素材文件夹"建站资料"中扩展名为".swf"的动画类型文件移动至"Animations"文件夹中。

13）在"Web"文件夹中，创建一新文件夹，命名为"Compressions"。

14）将本模块素材文件夹"建站资料"中扩展名为".rar"的文件移动至"Compressions"文件夹中。

15）在"Web"文件夹中空白处单击鼠标右键，在弹出的快捷菜单中选择"新建"→"文本文档"命令，新建一个文本文件。

16）将新建的文本文档命名为"资料清单.txt"。

17）双击文件"资料清单.txt"，打开记事本程序。

18）切换到中文输入法，输入文本"资料清单"，按<Enter>键换行。

19）输入文本"记录时间:"，输入本机日期时间，按<Enter>键换行。

20）按"数量"、"类型"和"名称"逐项登记"Web"文件夹中的文件，如"3个压缩文件，分别为杰勋、悦翔和志翔"，按<Enter>键换行。

21）完成输入后保存文件。

22）用鼠标右键单击"Web"文件夹，在弹出的快捷菜单中选择"发送到"→"压缩（zipped）文件夹"命令，如图 1 - 65 所示，压缩文件夹。

23）压缩后重命名压缩文件为"备份Web.zip"。

图 1 - 65

思考与练习

一、选择题

1. 窗口切换的快捷键是（　　）。

A. < Alt + Tab >　　　　B. < Ctrl + C >　　　　C. < Tab >　　　　D. < Shift + Tab >

2. 全选文件的快捷键是（　　）。

A. < Alt + A >　　　　B. < Ctrl + A >　　　　C. < Ctrl + C >　　　　D. < Shift + A >

3. 桌面是 Windows 面向（　　）的第一界面。

A. 系统　　　　B. 硬件　　　　C. 用户　　　　D. 程序

4. 要移动整个窗口的位置，可将鼠标指针按在（　　）上拖动。

A. 菜单栏　　　　B. 滚动条　　　　C. 标题栏　　　　D. 状态栏

5. 双击窗口的标题栏会（　　）。

A. 最小化窗口　　　　B. 最大化窗口　　　　C. 关闭窗口　　　　D. 还原窗口

6. 有两个管理系统资源的程序组，它们是（　　）。

A. "我的电脑"和"控制面板"　　　　B. "资源管理器"和"控制面板"

C. "我的电脑"和"资源管理器"　　　　D. "控制面板"和"资源管理器"

7. 当鼠标指针变成"沙漏"状时，通常情况是表示（　　）。

A. 正在选择　　　　B. 后台运行　　　　C. 系统忙　　　　D. 选定文字

8. 在 Windows 中，如果需要在中文输入法之间快速切换时，可使用（　　）。

A. < Shift + 空格 >　　　　B. < Alt + 空格 >　　　　C. < Ctrl + Alt >　　　　D. < Ctrl + Shift >

9. 在资源管理器中，文件排列不可以按（　　）显示。

A. 名称　　　　B. 类型　　　　C. 文件大小　　　　D. 图标大小

10. 在资源管理器中，选择多个连续文件的操作应按下（　　）键。

A. < Ctrl >　　　　B. < Shift >　　　　C. < Alt >　　　　D. < Tab >

11. 利用窗口中左上角的系统控制菜单图标不能实现的操作是（　　）。

A. 最大化窗口　　　　B. 打开窗口　　　　C. 移动窗口　　　　D. 关闭窗口

12. 下列关于"回收站"的叙述中，正确的是（　　）。

A. 从"回收站"删除的文件恢复

B. "回收站"主要用来保存重要文件

C. "回收站"所占据的空间是可以调整的

D. "回收站"主要用来存放用户删除的文件

13. 在 Windows 中呈灰色显示的菜单意味着（　　）。

A. 该菜单当前不能选用　　　　B. 选中该菜单后将弹出对话框

C. 选中该菜单后将弹出下级子菜单　　　　D. 该菜单正在使用

14. 在资源管理器中，在按下 < Shift > 键的同时执行删除某文件的操作是（　　）。

A. 将文件放入"回收站"　　　　B. 将文件放入上一层文件夹

C. 将文件放入"我的文档"　　　　D. 不放入"回收站"直接删除

15. 退出程序的快捷键（　　）。

A. < Ctrl + F2 >　　　　B. < Ctrl + F4 >　　　　C. < Alt + F1 >　　　　D. < Alt + F3 >

二、思考题

1. 打开一个应用程序有哪几种方法？

2. 文件的扩展名有什么作用？

3. 桌面图标的作用有哪些？

4. Windows 中"碎片整理"的主要作用是什么？

5. 使用"控制面板"中的"添加/删除程序"删除应用程序有什么好处？

三、操作题

1. 完成下列操作。

1）在"桌面"上建立一个名为"练习"的文件夹。

2）在"我的文档"文件夹中建立一个名为"作业 1. txt"的文本文件。

3）将"作业 1. txt"文件复制到"练习"文件夹中。

4）将"练习"文件夹更名为"练习备份"。

5）将"练习备份"文件夹设置为"存档"属性。

2. 修改系统的日期与时间。

3. 添加一种中文输入法并设置其相关属性。

4. 利用"开始"菜单查找扩展名为". com"的文件。

5. 查看上机用计算机上 C 盘和 D 盘的容量，它们还有多少剩余空间可以利用，再查看计算机上内存空间的容量大小。

模块2　使用网络资源

学习目标

1）能运用局域网或 ADSL 将计算机接入互联网。

2）能利用浏览器浏览与搜索网络信息。

3）能利用网络收发电子邮件与即时通信。

4）掌握保护计算机信息安全的基本方法。

任务2.1　连接计算机网络

任务目标

1）理解计算机网络的定义及网络协议。

2）掌握接入计算机网络的基本方法。

3）掌握利用计算机网络共享资源的方法。

2.1.1　相关知识

1. 计算机网络

计算机网络指将分布在不同地理位置上具有独立功能的多台计算机及其外部设备，通过通信线路互相连接，在网络操作系统、网络管理软件及网络通信协议的管理和协调下，实现资源共享和信息传递的计算机系统。依据计算机网络覆盖的地理范围不同，可以把网络划分为局域网、城域网和广域网3种。

1）局域网。局域网指在某一区域内由多台计算机互联组成的计算机组。局域网可以实现文件管理、应用软件共享、打印机共享和收发电子邮件等功能。典型的局域网由一台或多台服务器和若干个工作站组成。现代局域网络一般使用一台高性能的微型计算机作为服务器，工作站可以使用中低档次的微型计算机。

2）城域网。城域网一般指在一个城市，但不在同一区域范围内的计算机互联，它可以覆盖一组邻近的公司或一个城市。与局域网相比其扩展的距离更长，连接的计算机数量更多，在地理范围上可以说是局域网的延伸。

3）广域网。广域网也称远程网，通常跨接很大的地理范围，可以连接多个城市或国家，形成国际性的远程网络。目前，大多数局域网在应用中不是孤立的，除了与本部门的大型计算机系统互相通信外，还可以与广域网连接，这样可使不同网络上的用户能相互通信和交换信息，实现了局域资源共享与广域网资源共享相结合。Internet 是目前世界上最大的广域计算机网络。

2. 网络协议

网络协议是计算机网络中各台计算机进行通信的一种语言基础和规范准则，它定义了计算机间交换信息所必须遵循的规则。最常用的协议是 TCP/IP（传输控制协议/网络互联协议），其也是访问 Internet 必须使用的协议。

3. IP 地址

IP 地址是连入 Internet 上每台主机唯一的标识。一个 IP 地址由 32 个二进制比特数字组成，通常被分割为 4 段，每段 8 位，并用点分十进制表示。每段数字范围为 0~255，段与段之间用"点"隔开，如"210.37.7.18"。

4. 网关

网关是局域网内的计算机与其他网络计算机通信的门户。网关的 IP 地址由 ISP 提供。

5. 域名

为了便于记忆 IP 地址，可以用文字符号标识计算机，即域名地址。

域名地址的结构是一种分层次结构。域与域之间用小圆点"."分开，从右向左分别用以说明国家或地区的名称、组织类型、组织名称、单位名称和主机名等。域名的一般格式如下：

主机名.商标名（企业名）.单位性质或地区代码.国家代码

如域名"www.tsinghua.edu.cn"，"www"表示主机名，"tsinghua"表示清华大学，"edu"表示教育机构，"cn"表示中国。

6. DNS 域名系统

DNS 域名系统主要完成 Internet 上的主机名和 IP 地址的映射，把域名翻译成 IP 地址，同时也可以将 IP 地址翻译成域名。

7. ADSL

ADSL 是一种新的数据传输方式。它采用频分复用技术把普通的电话线分成了电话、上行和下行 3 个相对独立的信道，从而避免了相互之间的干扰，即使边打电话边上网，也不会发生上网速率或通话质量下降的情况。

8. ISP

ISP（互联网服务提供商）是向广大用户综合提供互联网接入业务、信息业务和增值业务的电信运营商，如中国电信等。

2.1.2 任务实现

1. 通过局域网连接互联网

1）在确定计算机连入局域网的情况下，打开"控制面板"窗口。

2）单击"网络连接"图标，打开"网络连接"窗口，如图 2-1 所示。

3）用鼠标右键单击"本地连接"选项，在弹出的快捷菜单中选择"属性"命令，打开"本地连接属性"对话框，在"常规"选项卡中选择"Internet 协议（TCP/IP）"选项，如图 2-2 所示。

图 2-1

4）单击"属性"按钮，打开"Internet 协议（TCP/IP）属性"对话框，利用从网络管理员处获取的"IP 地址"、"子网掩码"、"默认网关"和"DNS 服务器"等数据，设置对话框，如图 2-3 所示。

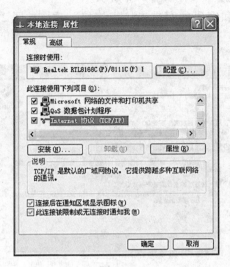

图 2-2

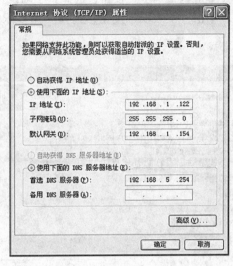

图 2-3

5）单击"确定"按钮，完成配置。

2. 通过 ADSL 连入互联网

1）打开"网上邻居"窗口，单击"查看网络连接"，打开"网络连接"窗口，如图 2-4 所示。

> 注意
>
> 通过 ADSL 上网时，首先要有一条电话线和一个 ADSL 调制解调器，还需要本地的 Internet 服务提供商的 Internet 账号。在计算机中安装 ADSL 调制解调器，并将电话线连在 ADSL 调制解调器后，利用"Internet 连接向导"配置计算机。

2）单击"创建一个新的连接"选项，打开"新建连接向导"对话框，单击"下一步"按钮，选择"连接到 Internet"项，如图 2-5 所示。

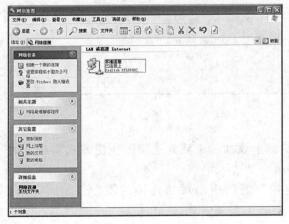

图 2-4

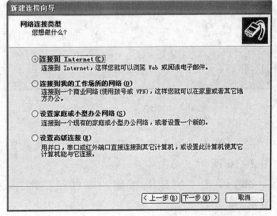

图 2-5

3）单击"下一步"按钮，选择"手动设置我的连接"项，如图2-6所示。

4）单击"下一步"按钮，选择"用要求用户名和密码的宽带连接来连接"项，如图2-7所示。

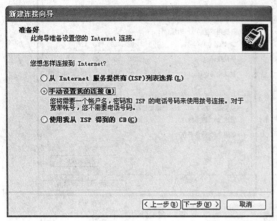

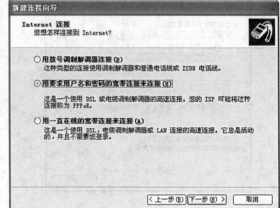

图2-6   图2-7

5）单击"下一步"按钮，在"ISP名称"文本框中输入连接名称，如"ADSL"，如图2-8所示。

6）单击"下一步"按钮，在"用户名"和"密码"文本框中输入ISP提供的用户名和密码，如图2-9所示。

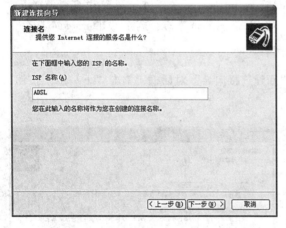

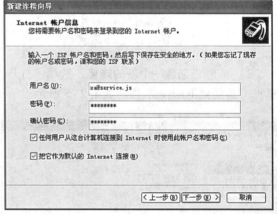

图2-8   图2-9

7）单击"下一步"按钮，勾选"在我的桌面上添加一个到此连接的快捷方式"项，如图2-10所示。

8）单击"完成"按钮，即可在"网络连接"窗口中出现该连接的图标，如图2-11所示。

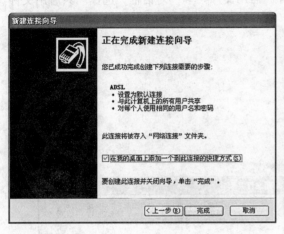

图 2 - 10   图 2 - 11

9）双击该连接的图标，打开"连接 ADSL"对话框，在对应位置输入"用户名"和"密码"，如图 2 - 12 所示。

10）单击"连接"按钮，即可连入 Internet。

> 技巧　　在"连接 ADSL"对话框中，勾选"为下面用户保存用户名和密码"选项，选择"只是我"或"任何使用此计算机的人"项，则不需要每次连入 Interne 都输入"用户名"和"密码"。

3. 实现网络资源共享

1）在"资源管理器"中选择希望共享的文件夹，用鼠标右键单击该文件夹，在弹出的快捷菜单中选择"共享和安全"命令，如图 2 - 13 所示。

图 2 - 12   图 2 - 13

2）在打开的"共享文件 属性"对话框中，选择"共享"选项卡，如图 2 - 14 所示。

3）单击"如果您知道……请单击此处"，打开"启用文件共享"对话框，选择"只启用文件共享"项，如图2-15所示。

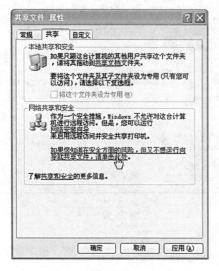

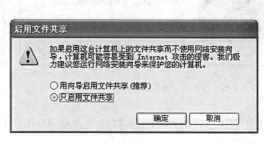

图2-14　　　　　　　　　　　　　　　　　图2-15

4）单击"确定"按钮，返回"共享文件 属性"对话框，勾选"在网络上共享这个文件夹"项，并设置共享后的文件夹名，根据需要决定是否勾选"允许网络用户更改我的文件"项，如图2-16所示。

5）单击"确定"按钮，完成文件夹共享设置。查看完成共享设置的文件夹图标，如图2-17所示。

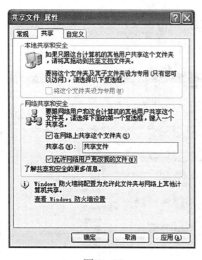

图2-16　　　　　　　　　　　　　　　　　图2-17

任务2.2　浏览网页与检索信息

任务目标

1）了解IE浏览器窗口的组成与设置方法。

2）掌握使用 IE 浏览器实现信息浏览的基本方法。

3）掌握信息检索的基本途径和方法。

2.2.1　相关知识

1. 浏览器

浏览器是用户最常用的客户端程序，其主要用于显示网页服务器内的文件，并可让用户与这些文件进行互动操作。常见的浏览器有微软的 Internet Explorer（IE）、Mozilla 的 Firefox、Apple 的 Opera 等。

2. 网页

网页实际是一个文件，它存放在与互联网相连的某一台计算机中。网页由网址来识别与存取，当用户在浏览器中输入网址后，经过一段复杂而又快速的程序，网页文件会被传送到本地计算机，然后再通过浏览器解释并展示出来。

主页是指 Web 服务器上的第一个页面，利用主页可引导用户访问本地或其他 Web 服务器上的页面。

3. 网站

网站指在互联网上，根据一定的规则，用于展示特定内容的相关网页的集合。

4. 统一资源定位器

统一资源定位器简称 URL，是一种标准化的命名方法。它可以用统一的格式来表示 Internet 提供的各种服务中信息资源的地址，以便在浏览器中使用相应的服务。

URL 由协议名、主机名、路径和文件名 4 部分组成，其格式如下：

协议名：//主机名/路径和文件名

如 "http：//home. netscape. com/pub/main/index. html"。

5. HTTP

HTTP 即超文本传输协议，是客户端浏览器或其他程序与 Web 服务器之间的通信协议。在 Internet 上的 Web 服务器上存放的多数都是超文本信息，客户机需要通过 HTTP 传输所要访问的超文本信息。

6. 超链接

超链接指从一个网页指向一个目标的连接关系。这个目标可以是另一个网页，也可以是相同网页上的不同位置，还可以是一个图片、一个电子邮件地址、一个文件，甚至是一个应用程序。单击超链接后，浏览器将根据链接目标的类型来打开或运行。

7. 信息检索

信息检索是指将杂乱无序的信息有序化形成信息集合，并根据需要从信息集合中查找出特定信息的过程。其实质是将用户的检索标识与信息集合中存储的信息标识进行比较与选择（或称为匹配），当用户的检索标识与信息存储标识匹配时，信息就会被查找出来，供用户浏览使用。

2.2.2　任务实现

1. 使用 IE 浏览器浏览信息

1）在桌面上单击 "Internet Explorer" 图标，打开浏览器窗口。

2）在浏览器窗口的地址栏中输入要访问的网站地址（如 http：//www. sohu. com），按 < Enter > 键即可打开相应的网站，如图 2 - 18 所示。

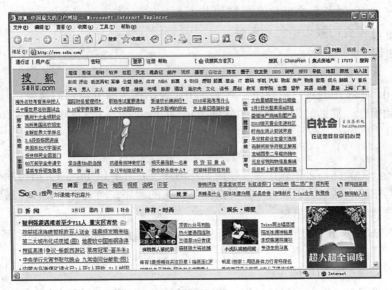

图 2 - 18

3）在网页上移动鼠标，当指针变成"手"状时，表明指向一个超链接。如在搜狐网页上移动指针到文本"新闻"上后单击，将打开搜狐新闻网页，如图 2 - 19 所示。

图 2 - 19

2. 使用搜索引擎

1）在浏览器窗口的地址栏中输入"http：//www. baidu. com"，按 < Enter > 键打开百度搜索引擎。

2）在搜索栏中输入"液晶显示器"，单击"百度一下"按钮，打开搜索结果页面，如图 2 - 20 所示。

3）单击页面顶部的"图片"超链接，打开图片搜索页面，如图 2 - 21 所示。

4）在菜单栏中选择"文件"→"另存为"命令，打开"保存网页"对话框，如图 2 - 22 所示，设置路径，保存网页。

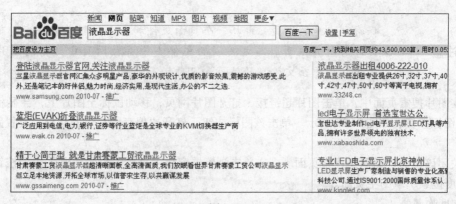

图 2 - 20

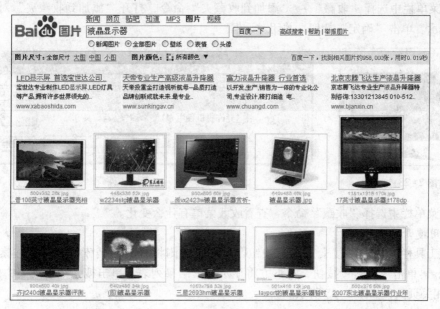

图 2 - 21

图 2 - 22

> 保存到本地的网页，包括一个页面文件和与之关联的文件夹，单击页面文件即可打开网页。与之关联的文件夹中存放网页中必需的图片等文件，不要随便更改文件夹的位置和名称，否则网页将无法正常打开。

5）在图片搜索页面中，单击图片超链接，打开图片网页，移动鼠标至图片上，会显示"保存此图像"图标按钮，如图 2-23 所示。单击该图标按钮，打开"保存图片"对话框，设置路径，保存图片。

6）关闭该页面，返回到搜索页面。多次单击浏览器窗口工具栏中的"后退"图标按钮，可以返回到百度搜索引擎的主页面。

3. 使用收藏夹

1）在菜单栏中选择"收藏"→"添加到收藏夹"命令，打开"添加到收藏夹"对话框，如图 2-24 所示。单击"确定"按钮，关闭对话框。

图 2-23

图 2-24

2）在菜单栏中选择"收藏"命令，查看收藏菜单有什么变化。

4. 使用搜索功能

1）在工具栏中单击"搜索"图标按钮，在页面左侧将打开"搜索"栏。在搜索栏中输入"大学生"，再单击"搜索"按钮，在下方将显示搜索结果列表。单击搜索结果列表中的超链接，即可打开相关页面，如图 2-25 所示。

图 2-25

2）单击"搜索"栏右上方的"关闭"按钮，关闭"搜索栏"。

5. 使用历史纪录功能

1）在工具栏中单击"历史"图标按钮，在页面左侧将显示"历史纪录"栏，如图 2 - 26 所示。在"历史纪录"栏中显示了本地计算机保存的访问记录。

2）在"历史纪录"栏中，在"查看"下拉菜单中选择不同的查看方式，观察效果。

3）在"历史纪录"栏中，单击某条纪录，即可打开该页面。单击不同的纪录，观察效果。

6. 设置 Internet 选项

1）关闭所有浏览器窗口，重新打开百度搜索引擎页面，在菜单栏中选择"工具"→"Internet 选项"命令，打开"Internet 选项"对话框，如图 2 - 27 所示。

图 2 - 26

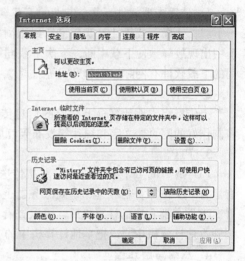

图 2 - 27

2）在"Internet 选项"对话框中，单击"使用当前页"按钮，即可将百度搜索引擎页面设置为主页。

3）在"Internet 选项"对话框中，单击"删除文件"按钮，删除临时文件，释放空间。

> **注意**　　长期利用浏览器浏览网络信息，会在临时文件夹中保留大量无用信息。可通过上述方法删除这些临时文件，释放空间，来改善计算机的使用性能。

4）单击"清除历史记录"按钮，即可删除本地计算机中保存的所有访问记录。

5）分别单击"颜色"和"字体"按钮，自行对 IE 浏览器进行个性化设置，再关闭"Internet 选项"对话框。

6）在菜单栏中选择"查看"→"全屏显示"命令，浏览器将切换到全屏幕页面显示状态，隐藏了标题栏、菜单栏、滚动条和状态栏，增大页面内容的显示区域。

7）单击工具栏右端的"还原"图标按钮，关闭全屏幕显示，切换到原来的浏览器窗口。

任务 2.3　下载与保存网络资料

任务目标

1）掌握下载和保存网络资料的基本方法。

2）掌握文件压缩与解压缩的技巧。

2.3.1 相关知识

1. 下载

下载指通过网络进行文件传输，把互联网或其他计算机上的信息资料保存到本地计算机上的一种网络活动。常用的下载方式主要有以下两种：

1）使用浏览器下载。这种方法操作简单方便。在浏览过程中，只要单击希望下载的链接（一般的文件格式是".zip"和".exe"等），浏览器就会自动启动下载，只要选择所需的下载文件的存放路径即可正式下载。若要保存图片，只需用鼠标右键单击该图片，在弹出的快捷菜单中选择"图片另存为"命令即可。

2）使用专业软件下载。专业的下载软件使用文件分切技术，即将一个文件分成若干份同时进行下载，这样下载软件时就会感觉到比浏览器下载的速度快、效率高。更重要的是，如果下载过程中出现故障致使下载中断，下次下载同一文件时仍旧可以接着从上次断开的地方开始下载。常用的下载软件有网际快车和迅雷等。

2. 上传

上传指将本地计算机上存储的信息传输到远程计算机上，以便网络上的其他人使用。例如，将制作好的网页、文字和图片等发布到互联网上去供其他人浏览、欣赏。

3. FTP

FTP 是 TCP/IP 网络上两台计算机传送文件的协议，可以通过它把自己的计算机与世界各地所有运行 FTP 的服务器相连，访问服务器上的大量程序和信息。也就是说，当连接上一个远程运行着 FTP 服务器程序的计算机后，可以查看远程计算机有哪些文件，然后把文件从远程计算机上复制到本地计算机中，或把本地计算机中的文件发送到远程计算机上去。

4. 压缩与解压缩

压缩指利用算法将文件有损或无损地处理，以达到保留最多文件信息，同时使文件体积变小的操作。解压缩则是将一个通过软件压缩的文件恢复到压缩之前的状态，即进行数据还原。常见的压缩软件有 WinZIP 和 WinRAR 等。

2.3.2 任务实现

1. 保存网上资料

1）打开浏览器窗口，在地址栏输入"http://www.winrar.com.cn"，按 < Enter > 键打开 WinRAR 中文版网站，单击"软件介绍"，打开"软件介绍"页面，按住鼠标左键不放并拖动，选中文本资料，如图 2 - 28 所示。

2）用鼠标右键单击选中的文本，在弹出的快捷菜单中选择"复制"命令。

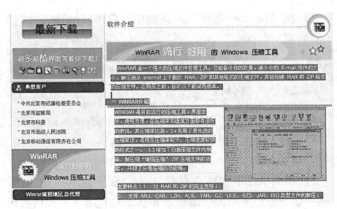

图 2 - 28

3）打开记事本，将复制的文本粘贴到记事本中并以"WinRAR 软件介绍.txt"为文件名保存。

2. 下载文件

1）在"软件介绍"页面中单击"最新下载"按钮，打开下载页面，单击"下载"超链接，在新打开的页面单击"免费下载"超链接，将弹出"文件下载 - 安全警告"对话框，如图 2 - 29 所示。

2）单击"运行"按钮，下载并安装 WinRAR 压缩软件。

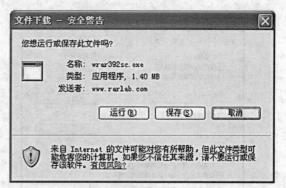

图 2-29

3. 压缩与解压缩文件

1）打开资源管理器，选择一个文件（如 "WinRAR 软件介绍 . txt"），用鼠标右键单击该文件，在弹出的快捷菜单中选择"添加到 'WinRAR 软件介绍 . rar'"命令，即可压缩该文件。

2）选择已压缩文件（如"WinRAR 软件介绍 . rar"），用鼠标右键单击该文件，在弹出的快捷菜单中选择"解压到 'WinRAR 软件介绍'"命令，即可解压缩该文件。

3）通过"开始"菜单启动 WinRAR 软件。在 WinRAR 软件窗口中，找到本模块素材文件"压缩 . psb"，如图 2-30 所示。

4）在工具栏中单击"添加"图标按钮，会打开"压缩文件名和参数"对话框。选择"常规"选项卡，在"压缩文件名"文本框中输入自定义的文件名，在"压缩文件格式"选项栏中选择压缩文件的格式，在"压缩方式"下拉列表中选择压缩方式，在"压缩分卷大小，字节"下拉列表中选择或自定分卷大小，如"5mb"，如图 2-31 所示。

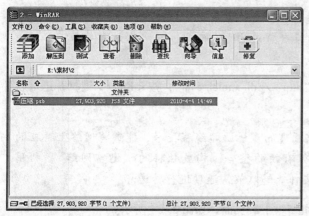

图 2-30

图 2-31

5）单击"确定"按钮，压缩文件。完成压缩后，找到压缩的文件，可以看到有多个分卷。

> **提示** 采用这种方法，就可以将一个大容量的文件分解为多个小容量的压缩文件，非常方便进行拆分传送与保存。

6）选中任一分卷，采用前述方法解压缩，即可还原文件。

7）在 WinRAR 软件窗口中，再次选择本模块素材文件"压缩 . psb"，在工具栏中单击"添加"图标按钮，打开"压缩文件名和参数"对话框，切换到"高级"选项卡，如图 2-32 所示。

8）单击"设置密码"按钮，打开"带密码压缩"对话框，设置压缩密码，如图 2-33 所示。

9）单击"确定"按钮，返回"压缩文件名和参数"对话框，再单击"确定"按钮，压缩文件。完成压缩后，关闭 WinRAR 软件。

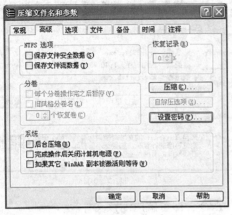

图 2 - 32   图 2 - 33

 技巧　　如果勾选"加密文件名"项，则在打开压缩包输入密码之前，将不显示压缩包中的文件列表。

10）选中本模块素材文件夹"压缩文件夹"，单击鼠标右键，在弹出的快捷菜单中选择"添加到'压缩文件夹.rar'"命令，压缩该文件夹。

提示　　将需要通过网络传送的多个文件先集中到一个文件夹中，并压缩成一个压缩文件，采用这种方法就可以非常方便地进行网络文件传输。

4. 下载迅雷

1）打开浏览器窗口，在地址栏中输入"http：//dl. xunlei. com"，按 < Enter > 键打开迅雷软件中心网站。

提示　　迅雷使用了基于网格原理的多资源超线程技术，能够将网络上存在的服务器和计算机资源进行有效的整合，构成独特的"迅雷网络"。利用"迅雷网络"，各种数据文件能够以最快速度进行传递。

2）在页面中单击"迅雷5"，打开"迅雷5"下载页面，如图 2 - 34 所示。

图 2 - 34

3）在"立即下载"按钮上单击鼠标右键，在弹出的快捷菜单中选择"目标另存为"命令，打开"另存为"对话框。设置路径，下载文件，如图 2 - 35 所示。

5. 使用迅雷下载

1）双击下载的迅雷安装文件，安装并启动迅雷，其主界面如图 2 - 36 所示。

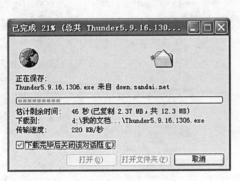

图 2 - 35

图 2 - 36

2）打开浏览器窗口，在地址栏中输入"http://im. qq. com/qq/2009/standard_sp6"，按 < Enter > 键打开 QQ 安装软件下载页面。

3）在"立即下载"按钮上单击鼠标右键，在弹出的快捷菜单中选择"使用迅雷下载"命令，如图 2 - 37 所示。

4）打开"建立新的下载任务"对话框，如图 2 - 38 所示。

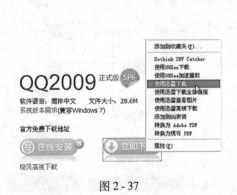

图 2 - 37

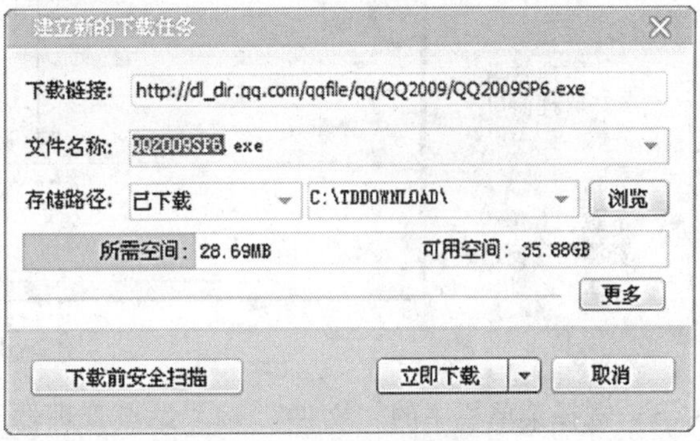

图 2 - 38

5）设置存储路径与名称，单击"立即下载"按钮，进入迅雷下载界面，如图 2 - 39 所示。下载完成后，迅雷将在屏幕右下角提示任务完成。

6. 使用 CuteFTP

1）打开百度搜索引擎页面，在搜索栏中输入"CuteFTP"，下载并安装 CuteFTP。

提示

> CuteFTP 是一种基于文件传输协议的专用 FTP 客户软件。它具有非常友好的界面，即使用户并不完全了解协议本身，也能够使用这一软件进行文件的上传和下载。它将远程主机的文件和目录结构以大家熟悉的 Windows 文件管理器的形式组织起来，很容易操作。此外，CuteFTP 还具有上传或下载整个目录及文件、管理 FTP 站点和支持断点续传等优点。

2）启动 CuteFTP，工作界面如图 2 - 40 所示。

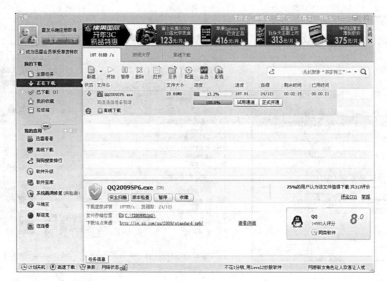

图 2 - 39

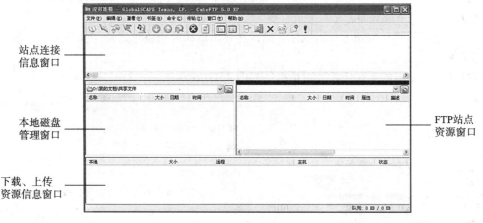

图 2 - 40

3）选择菜单栏中的"文件"→"站点管理器"命令，打开"站点设置"对话框，如图 2-41 所示。

4）在"站点设置"对话框中，单击"新建"按钮，将新建一个 FTP 站点。单击"编辑"按钮，可以编辑一个已存在的 FTP 站点。

5）在左侧窗格中，选中"香港中文大学"，然后单击"连接"按钮，即可连接到"香港中文大学"的 FTP 站点，如图 2-42 所示。

6）在 FTP 站点资源窗口中双击希望下载的文件，即可将该文件下载到本地计算机上。在本地磁盘管理窗口中双击希望上传的文件，即可将该文件上传到远程服务器上。

7）打开其他 FTP 站点，查看这些站点中都存放了什么资料。

图 2 - 41

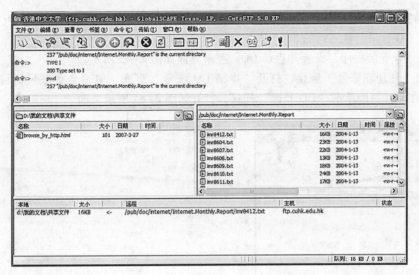

图 2 - 42

任务 2.4　网络交流与通信

任务目标

1）掌握电子邮箱的注册与使用方法。

2）掌握 QQ 软件的安装及使用方法。

2.4.1　相关知识

1. 电子邮件

电子邮件（简称 E - mail）是一种利用计算机网络进行信息交换的通信方式。通过电子邮件系统，用户可以用非常低廉的价格，快速地与世界上任何一个角落的网络用户联系。这些电子邮件可以是文字、图像和声音等各种形式。

2. QQ

QQ 是一款基于 Internet 的即时通信软件，支持在线聊天、视频电话、共享文件、网络硬盘和 QQ 邮箱等多种功能，并可与移动通信终端等多种通信方式相连，是目前使用最广泛的聊天软件之一。

3. BBS

BBS 即电子公告板。通过 BBS 系统，可随时获取国内外最新的软件及信息，和网友讨论各种话题。

BBS 实际上也是一种网站，即在网络的某台计算机中设置的一个公共信息存储区，任何合法用户都可以通过 Internet 或局域网在这个存储区中存取信息。早期的 BBS 仅能提供纯文本的论坛服务，而现在 Internet 上基于 WWW 形式的 BBS，用户只要连接到 Internet，直接利用浏览器就可以使用 BBS 阅读其他用户的留言，或者发表自己的意见。

4. 网上购物

网上购物指通过 Internet 检索商品信息，并通过电子订购单发出购物请求，然后填上私人支票账号或信用卡的号码，厂商通过邮购的方式发货，或是通过快递公司送货上门。

5. MSN

MSN 是微软公司推出的即时消息软件，可以与亲人、朋友或同事进行文字聊天、语音对话或视频会议等即时交流，还可以通过此软件来查看联系人是否联机。该软件在国内拥有大量的用户群。

2.4.2 任务实现

1. 使用 QQ

1）运行 QQ 安装程序，安装并启动 QQ，登录界面如图 2-43 所示。

2）单击"注册新账号"连接，打开"申请 QQ 账号"页面。单击免费账号栏目的"立即申请"按钮，在新开页面单击"QQ 号码"连接，打开如图 2-44 所示页面。

图 2-43   图 2-44

3）填写相关信息，单击"下一步"按钮，即可获得免费的 QQ 号码。

4）切换到 QQ 登录界面，输入账号与密码，单击"登录"按钮。新号码首次登录时，好友名单是空的，要和其他人联系，必须先将对方添加为好友。

5）在主面板上单击"查找"按钮，打开"查找联系人/群/企业"窗口。输入好友 QQ 号码，单击"查找"按钮，找到后，单击"加为好友"按钮即可。

6）双击好友头像，打开如图 2-45 所示的聊天窗口。在发送列表框中输入消息，单击"发送"按钮向好友发送即时消息。

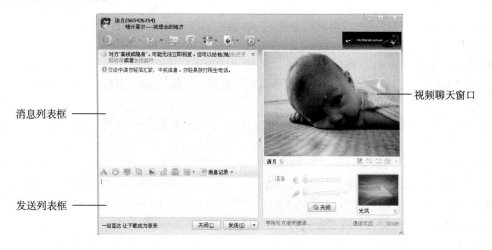

图 2-45

7）在聊天窗口工具栏中单击"开始视频会话"图标按钮，请求视频聊天，待对方收到请求并接受后即可进行视频交流。

8）在聊天窗口工具栏中单击"开始语音会话"图标按钮，待对方收到请求并接受后进行语音聊天。

9）在聊天窗口工具栏中单击"传送文件"图标按钮，在打开的文件选择对话框中选择文件，即可将此文件直接通过 QQ 发送给好友。

10）打开 "http：//im. qq. com" 网站，查看 QQ 使用说明，进一步了解 QQ 的其他应用。

2. 了解 BBS

1）打开浏览器窗口，在地址栏输入 "http：//bbs1. people. com. cn"，按 < Enter > 键打开人民网强国社区页面，单击 "科技" 板块连接，进入科技论坛，如图 2 - 46 所示。

2）单击相关标题，在打开的页面中就可以浏览文章的内容。

3）单击左上角的 "加新帖" 按钮，将打开 "发新帖" 窗口，如图 2 - 47 所示。在 "正文区" 编辑内容，在 "用户名" 和 "密码" 文本框输入已注册的用户名和密码，单击 "提交" 按钮，即可将编辑的内容发布到科技论坛上。

图 2 - 46

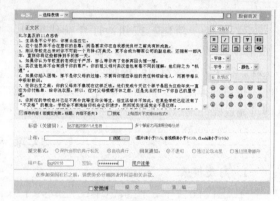

图 2 - 47

 提示   要在论坛中发布内容，需要注册，成为该论坛的会员。

3. 使用电子邮箱

1）打开浏览器窗口，在地址栏输入 "http：//www. hotmail. com"，按 < Enter > 键打开 hotmail 邮箱登录页面。单击 "立即注册" 按钮，进入注册页面，输入相关信息，如图 2 - 48 所示。

图 2 - 48

图 2 - 49

2）单击"接受"按钮，完成邮箱注册并自动登录邮箱。

3）单击"收件箱"，查看所有邮件列表，如图2-49所示。

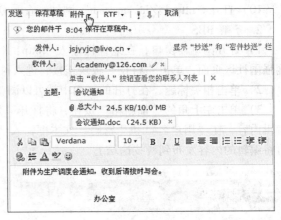

4）单击邮件名，即可打开邮件查看邮件内容。

5）单击附件文件名，即可打开文件或保存相关文件到本机。

6）勾选希望删除的邮件，单击"删除"按钮即可将邮件转移到"已删除邮件"文件夹中。

7）单击"新建"按钮，打开新建窗口，如图2-50所示。输入收件人邮箱地址，填写主题，在下方的编辑窗口编辑内容，单击"附件"按钮选择附件文件后，单击"发送"按钮即可完成邮件发送。

图2-50

技能与技巧

1. 高效搜索

在现代社会中，搜索引擎已经成为了人们在工作和学习中经常使用的重要工具。但面对海量增长的网页，利用搜索引擎搜索返回的结果常常包含大量无关的信息。如果注意一下搜索引擎的使用技巧，则可以在较短的时间内找到需要的确切信息。

1）输入多个词语搜索（不同字词之间用一个空格隔开），可以获得更精确的搜索结果。例如，希望了解北京人民公园的相关信息，在搜索框中输入"北京 人民公园"获得的搜索效果比输入"人民公园"得到的结果更好。打开百度搜索引擎页面，分别输入"北京 人民公园"和"人民公园"进行搜索，查看并比较搜索结果。

2）网页标题通常是对网页内容提纲挈领式的归纳。搜索时将关键的部分，用"intitle："加以限制，这样可将查询内容的范围限定在网页标题中，搜索效率较高。打开百度搜索引擎页面，分别输入"经典 intitle：小虎队"与"经典 小虎队"进行搜索，查看并比较搜索结果。

注意   "intitle："和后面的关键词之间，不要有空格。

3）如果知道某个站点中有自己需要查找的内容，就可以把搜索范围限定在这个站点中，即在查询内容的后面，加上"site：站点域名"，这样可以提高查询效率。打开百度搜索引擎页面，输入"msn site：skycn.com"，查看搜索结果。

4）如果输入的查询词很长，搜索引擎在经过分析后，给出的搜索结果中的查询词，可能是拆分的。给查询词加上双引号，可以避免拆分。打开百度搜索引擎页面，分别输入"北京政法大学"和加上双引号的"北京政法大学"，查看并比较搜索结果。

5）在搜索结果中，可能有某一类网页是不希望看见的，而且，这些网页都包含特定的关键词。在这种情况下，可以使用减号语法，去除所有这些含有特定关键词的网页。打开百度搜索引擎页面，分别输入"计算机"和"计算机-培训"，查看并比较搜索结果。

2. 使用 Windows Live Mail

Windows Live Mail 是一个电子邮件程序。使用该程序，可以通过一个入口接收来自多个电子邮件账户的邮件，无需离开收件箱即可预览邮件，还可以通过拖放来操作管理邮件，通过单击即可清除垃圾邮件和扫描病毒邮件。单击鼠标右键，可以轻松答复和转发邮件。

1）打开百度搜索引擎页面，输入"Windows Live Mail"，搜索并下载 Windows Live Mail。

2）安装 Windows Live Mail 并启动，选择菜单栏中的"工具"→"账户"命令，打开"账户"对话框，如图 2-51 所示。

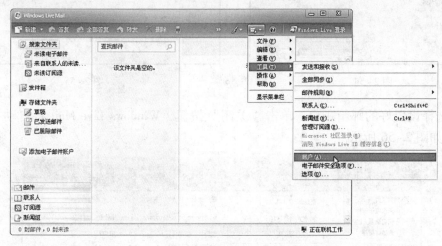

图 2-51

3）在"账户"对话框中单击"添加"按钮，打开"添加账户"对话框，选择"电子邮件账户"项，如图 2-52 所示。

4）单击"下一步"按钮，打开"添加电子邮件账户"对话框，设置相关选项，如图 2-53 所示。

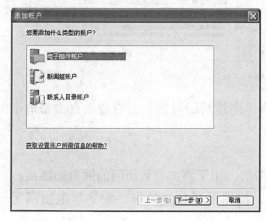

图 2-52

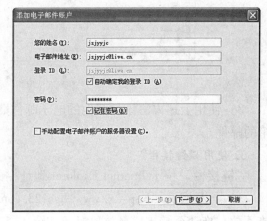

图 2-53

5）单击"下一步"按钮，打开"您的新账户设置已经完成"对话框，选择"不，使用 Windows Live Mail 而不是 Windows Live（N）"选项，如图 2 - 54 所示。

6）单击"完成"按钮，返回到"账户"对话框，如图 2 - 55 所示。

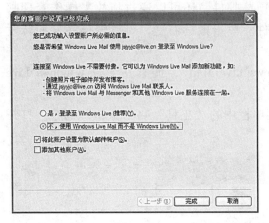

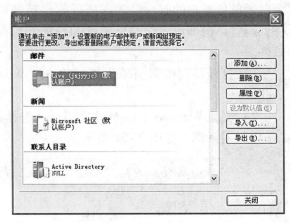

图 2 - 54　　　　　　　　　　　　　　　　　图 2 - 55

7）选择设置好的邮箱账户，单击"关闭"按钮，Windows Live Mail 将自动打开设置的邮箱，如图 2 - 56 所示。

图 2 - 56

8）使用上述方法添加其他的电子邮件账户，完成后即可接收和管理来自多个电子邮箱的邮件。

3. 使用"链接栏"

"链接栏"位于 Internet Explorer 地址栏的旁边，用于添加频繁访问的网页的链接。

1）打开网页"http：//www. hao123. com"，使用鼠标左键单击"太平洋电脑网"链接不放，拖动至链接栏释放鼠标，如图 2 - 57 所示。

2）用鼠标右键单击浏览器"链接栏"中的"太平洋电脑网"按钮，在弹出的快捷菜单中选择"属性"命令，打开"太平洋电脑网 属性"对话框，如图 2 - 58 所示。

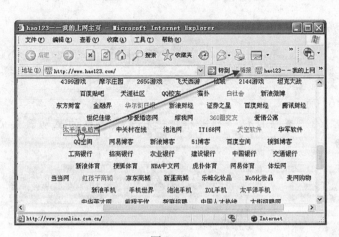

图 2-57

图 2-58

3）在"快捷键"文本框中，输入字母"T"，单击"确定"按钮。按<Ctrl+Alt+T>组合键，即可快速打开"太平洋电脑网"网站，查看效果。

综 合 训 练

1）打开"控制面板"，单击"性能与维护"→"管理工具"→"服务"图标按钮，打开"服务"对话框，如图 2-59 所示。

2）选择"Messenger（信使服务）"项，单击鼠标右键，在弹出的快捷菜单中选择"属性"命令，打开"Messenger 的属性"对话框，将"启动类型"设置为"已禁用"，如图 2-60所示。单击"确定"按钮关闭对话框。

图 2-59

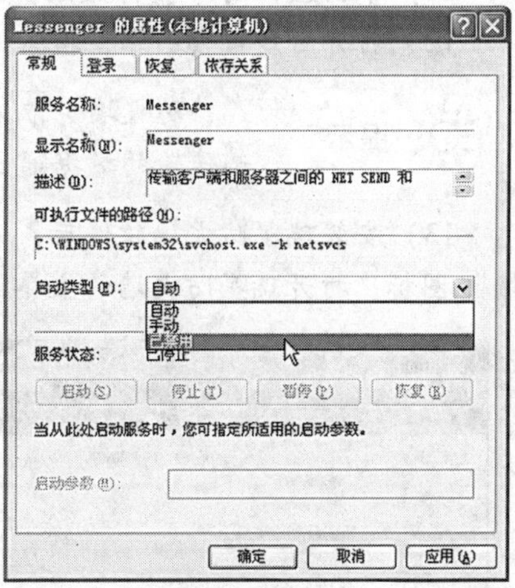

图 2-60

3）同上方法关闭"NetMeeting Remote Desktop Sharing（远程桌面共享）"服务。

4）同上方法关闭"Remote Registry（远程用户修改此计算机上的注册表设置）"服务。

5）关闭"Telnet（远程登录）"服务。

6）关闭"Terminal Services（远程协助和终端服务）"服务。

提示 　　通过上述操作，可以有效提高本地计算机系统的安全性。

7）打开百度搜索引擎，搜索"瑞星杀毒软件 2010 免费版"，下载并安装该软件。

提示 　　瑞星杀毒软件是一款反病毒安全工具。用于实时监控、清除和恢复被病毒感染的文件，维护计算机系统的安全。

8）启动瑞星杀毒软件，如图 2 - 61 所示。

9）单击"杀毒"选项卡，在左侧的"查杀目标"列表框中选择需要查杀的驱动器或文件夹，如"我的电脑"，如图 2 - 62 所示。

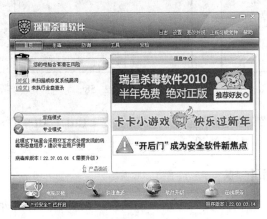
图 2 - 61

图 2 - 62

10）单击"开始查杀"按钮，开始杀毒。完成杀毒后，选择"防御"选项卡，单击"智能主动防御"按钮，在右侧列表框中启用所有防御功能，如图 2 - 63 所示。

11）单击左侧的"实时监控"图标按钮，在右侧列表框中启用所有监控功能。

12）打开百度搜索引擎，搜索"瑞星防火墙免费版"，下载瑞星防火墙软件并安装。

提示 　　防火墙会依照特定的规则，有效地监控任何网络连接，允许或是限制传输的数据通过，以保护网络不受黑客的攻击。

13）安装瑞星防火墙软件后，每次开机防火墙会自动启动。双击任务栏中的"瑞星防火墙"图标，打开瑞星防火墙的主界面，如图 2 - 64 所示。

图 2 - 63

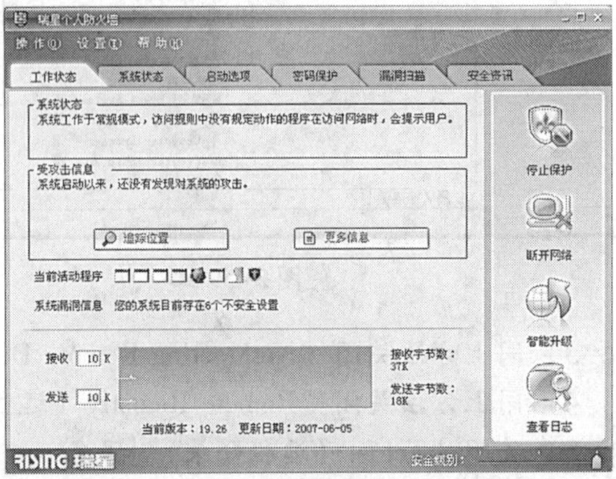

图 2 - 64

14）选择菜单栏中的"帮助"→"帮助主题"命令，打开"帮助"窗口，利用帮助文档，熟悉瑞星防火墙软件的使用和设置方法。

思考与练习

一、选择题

1. "www. tsinghua. edu. cn" 是 Internet 上一台计算机的（　　）。

A. IP 地址　　　　　B. 域名　　　　　C. 协议　　　　　D. 计算机名称

2. 合法的 IP 地址是（　　）。

A. 121, 52, 160, 5　　　　　　　　B. 121. 52. 256

C. 121. 52. 160. 5　　　　　　　　D. 121. 52. 256. 5

3. 使用 WinRAR 压缩文件后生成的文件默认扩展名是（　　）。

A. zip　　　　　　B. bmp　　　　　C. jpg　　　　　D. rar

4. 在 IE 地址栏输入的"http：//www. cqu. edu. cn/"中，http 代表的是（　　）。

A. 地址　　　　　B. 主机　　　　　C. 协议　　　　　D. 资源

5. FTP 是 Internet 中（　　）。

A. 发送电子邮件的软件　　　　　B. 浏览网页的工具

C. 用来传送文件的一种服务　　　D. 一种聊天工具

6. 计算机病毒（　　）。

A. 是一种生物病毒　　　　　　　B. 是一种硬件设备

C. 是一个程序　　　　　　　　　D. 不能通过邮件传播

7. 计算机网络最突出的优点是（　　）。

A. 精度高　　　　　B. 内存容量大　　　C. 运算速度快　　　D. 资源共享

8. 给查询词加上双引号，可以避免（　　）。

A. 拆分　　　　　　B. 重复　　　　　C. 合并　　　　　D. 重叠

二、思考题

1. 简述将网页内文本保存为文本文件的方法。

2. 简述压缩文件的目的。

3. 简述网络协议的作用。

4. 简要总结提高搜索效率的方法。

5. 简要总结网络交流的主要途径。

三、操作题

1. 打开百度搜索引擎，单击搜索栏下方的"地图"标签，打开"百度地图"页面，在搜索框中输入你就读院校的名称，查看返回结果。

2. 打开"当当网"网站，打开"帮助"页面，了解网上购物流程。

3. 上网搜索图片"精美壁纸"，选择几幅喜欢的壁纸下载到本地硬盘并设为桌面背景。

4. 上网搜索歌曲"大海"，下载到本地硬盘。

5. 使用搜索引擎搜索"计算机病毒"，浏览相关信息，学习计算机病毒的相关知识及预防方法。

模块3　编辑与处理电子文档

学习目标

1）掌握创建和编辑 Word 文档的基本方法。

2）熟练掌握 Word 文档的格式设置的方法与技巧。

3）能灵活使用表格和图形等对象。

4）能使用 Word 编辑、排版长篇文档资料。

任务 3.1　文档的创建与编辑

任务目标

1）掌握 Word 文档的基本操作。

2）了解 Word 视图的种类及切换方法。

3）熟练掌握 Word 文档的编辑方法。

3.1.1　相关知识

1. Word 文字处理软件

Word 是微软公司推出的 Office 系列办公软件中的重要组件，是全球通用的、日常办公使用频率最高的文字处理软件。Word 集编辑、制表、插入图形图片、排版与打印为一体，适于制作各种文档，如信函、传真、公文、报刊、书籍和简历等。

2. Word 文件格式

Word 文档的默认文件格式是 *.doc，这种格式相对于其他的文件格式如 RTF 和 HTML 等，可容纳更多的文字格式、脚本语言及复原等信息。但因为该格式是属于封闭格式，因此其兼容性较低。

3. 视图

Word 中浏览文档的方式或文档窗口的显示方式称为视图模式。视图不会改变页面格式，但能以不同形式显示文档的页面内容，帮助用户更方便地进行编辑与排版。

1）普通视图。普通视图是系统默认的显示方式，适用于文本录入和编辑。当录入的文字超过1页时，显示分页线（虚线）表示分页的位置。该视图下隐藏了页面边缘、页眉、页脚、浮动的图形以及背景。

2）页面视图。该视图下显示与实际打印效果一致的文档。页面视图与普通视图相比较，能显示的内容有页面的边缘、分页符、分栏、垂直标尺、页眉和页脚、图片、艺术字以及从其他应用程序获得的对象等。当需要编辑页眉和页脚、调整页边距、处理分栏、图形对象和边框时，应切换到页面视图。

3）大纲视图。大纲视图用于建立或修改大纲，以便能审阅和处理文档的结构，主要用于使用了标题的文档。用户能方便地查看文档的结构，并可通过拖动标题来移动、复制和重新组织文本，可通过折叠文档来查看主要标题，或者展开文档以查看所有标题，甚至正文内容。大纲视图中不显示页边距、页眉和页脚、图片和背景。

4）Web 版式视图。将文档按照 Web 浏览器中的显示效果显示。可创建能显示在屏幕上的 Web 页或文档，可看到背景和为适应窗口大小而换行显示的文本，且图形位置与在 Web 浏览器中的位置一致。

5）阅读版式视图。为了文档的阅读和评论，文档可以在两个并排的屏幕中显示，就像一本打开的书籍。这种视图显示文档的背景、页边距，不显示文档的页眉和页脚，可以进行文档的输入和编辑。

4. 文本的选择

Word 中选中文本的方法有多种：

1）在要选定文字的开始位置，按住鼠标左键不放移动到要选定文字的结束位置松开，可选中鼠标滑过的文字。

2）在要选定文字的开始位置单击，定位选择开始位置，然后按住 < Shift > 键，在要选定文字的结束位置处单击，定位选择结束位置，可选中起始点与结束点间的文本。

3）按住 < Alt > 键，在要选取的开始位置按下左键，拖动鼠标可以拉出一个矩形的选择区域，可选中矩形区域中的文本。

4）使用快捷键 < Ctrl + A > 可以选中全文。

5. 剪贴板

利用剪贴板可以从任意数目的文档或其他程序中收集文字和图形项目，再将其粘贴到任意文档中。例如，可以从一篇 Word 文档中复制文字，从 Excel 中复制数据，从 PowerPoint 中复制一个带项目符号的列表，从 FrontPage 中复制一些文字并从 Access 中复制一个数据表，再切换回 Word 并在 Word 文档中安排所收集到的任意或全部项目。

Office 剪贴板可与"复制"和"粘贴"命令配合使用。只需将一个项目复制到剪贴板中，即可将其添加到收集的内容中，然后在任何时候均可将其从剪贴板中粘贴到任何文档中。

若要向剪贴板中复制项目，必须在程序的任务窗格中打开剪贴板。可通过选择菜单栏中的"编辑"→"Office 剪贴板"命令，在任务窗格中打开剪贴板。在剪贴板任务窗格中，可执行查看剪贴板的内容，清空剪贴板等操作。

3.1.2 任务实现

1. 编辑文档

1）启动 Word 2003，打开 Word 程序的工作界面，如图 3-1 所示，了解 Word 工作界面的组成与布局。

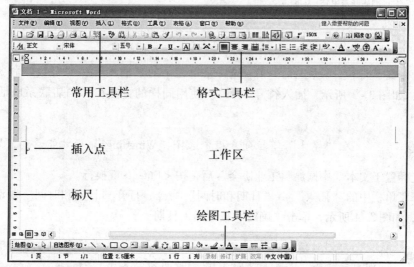

图 3-1

2）选择自己熟悉的中文输入法，在插入点处输入如图 3 - 2 所示文本。

技巧

　　在文档中，将鼠标指针移到要插入内容的位置，单击鼠标左键即可启用"即点即输"指针。指针的形状表明了将对要插入的内容应用的格式类型。例如，如果将指针移到页面中心，指针形状会变为"$\equiv$"，双击鼠标即可将插入点移到页面中心，输入的内容也将使用居中对齐格式。

　　如果看不到"即点即输"指针形状，可能尚未打开"即点即输"功能。选择菜单栏中的"工具"→"选项"命令，单击"编辑"选项卡，选择"启用'即点即输'"复选框即可。

各颜料企业及涂料相关单位：
为促进国内颜料企业在新时期有更大的进步与发展，中国涂料工业协会研究决定 2010 年 5 月 25 日在成都召开 2010 年全国颜料行业经济工作会议。
现将会议的有关事宜通知如下：
一、会议的主要内容
(1) 2009 年我国无机颜料主要行业经济运行情况及发展趋势；
(2) 我国有机颜料工业的现状与发展；
(3) 颜料在涂料工业应用领域中的品质要求和发展趋势；
二、会议时间及日程安排
2010 年 5 月 24 日全天报到，25～26 日两天会议（内容安排详见日程表）。
三、参会人员
颜料生产企业、科研院所及涂料相关企业的主要领导和专业人员。
四、会议地点及乘车路线
1、会议地点：成都酒店
2、乘车路线：
火车北站：乘 86 路、511 路至成都酒店站即到。
飞机场：乘 303 大巴至天府广场转 4 路或 98 路至成都酒店站即到。
联系人：王智　李晨
联系电话：010 - 62253388
酒店联系电话：028 - 87526688
中国涂料工业协会

图 3 - 2

3）将光标置于文本"联系电话"前，选择菜单栏中的"插入"→"符号"命令，打开"符号"对话框，如图 3 - 3 所示，插入符号"☎"。使用同样的方法在"酒店联系电话"前插入该符号。

注意

　　在"字体"下拉列表框中选择"Wingdings"项才能看到"☎"。

4）将光标置于文本"中国涂料工业协会"后，按 < Enter > 键换行。

5）选择菜单栏中的"插入"→"日期和时间"命令，打开"日期和时间"对话框。选定一种日期格式，如图 3 - 4 所示，单击"确定"按钮插入日期。

注意

　　勾选对话框中的"自动更新"选项，插入的日期和时间会根据系统时间自动更新，否则插入的日期和时间固定不变。

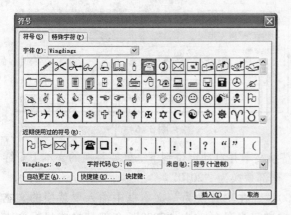

图 3 - 3   图 3 - 4

6）将光标置于"一、会议的主要内容"前，按下 < Shift > 键不放，在"二、会议时间及日程安排"前单击鼠标左键，查看选中的文本。

7）将光标置于"一、会议的主要内容"前，按下 < Alt > 键不放，拖动鼠标至"二、会议时间及日程安排"后，查看选中的文本。

8）按 < Ctrl + A > 组合键，查看选中的文本。

9）选中文本"酒店联系电话：028 - 87526688"，将光标置于选区内，按下鼠标左键不放，拖动至文本"联系电话：010 - 62253388"前释放鼠标，即可实现文本移动。

10）选中文本"酒店联系电话：028 - 87526688"，将光标置于选区内，按下 < Ctrl > 键的同时，按下鼠标左键不放，拖动至文本"联系电话：010 - 62253388"前松开鼠标，即可实现文本复制。

11）选中复制的文本"酒店联系电话：028 - 87526688"，按 < Delete > 键删除文本。

12）单击常用工具栏中的"撤销"图标按钮，或按 < Ctrl + Z > 组合键，撤销删除操作。

13）将光标置于复制的文本"酒店联系电话：028 - 87526688"前，多次按下 < Delete > 键，删除光标右侧字符"酒店联系电话："。

14）将光标置于复制的文本"028 - 87526688"后，多次按下 < ← > 键，删除光标左侧字符"028 - 87526688"。

15）选择菜单栏中的"文件"→"保存"命令，在弹出的"另存为"对话框中，选择"保存位置"为"我的文档"，在"文件名"文本框中输入要保存的文件名"通知"，文档格式选择"Word 文档（ * . doc）"，单击"保存"按钮保存文档。

2. 查找和替换

1）选择菜单栏中的"文件"→"打开"命令，在弹出的"打开"对话框中，选择本模块素材文件"学生助学贷款申请通知 . doc"，单击"打开"按钮，打开该文档。

2）选择菜单栏中的"编辑"→"查找"命令，打开"查找和替换"对话框，如图 3 - 5 所示。

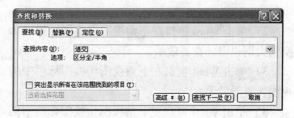

图 3 - 5

3）在"查找内容"文本框中输入要查找的文本"递交"，单击"查找下一处"按钮，查看查找结果并关闭对话框。

4）选择菜单栏中的"编辑"→"替换"命令，打开"查找和替换"对话框，如图3-6所示。

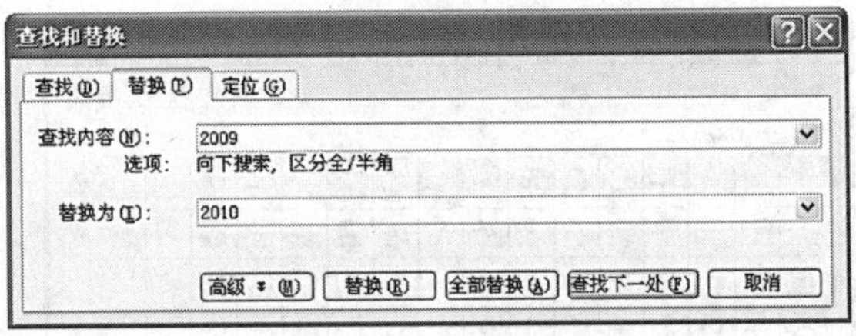

5）在"查找内容"文本框中输入要查找的文本"2009"，在"替换为"文本框中输入要替换的文本"2010"。

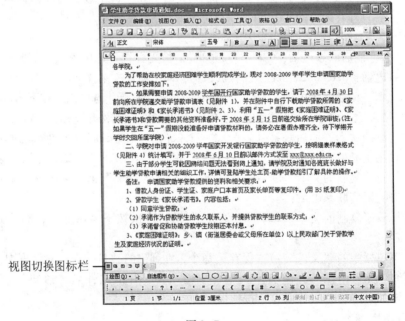

图3-6

6）单击"查找下一处"按钮，当查找到要替换的文本后，单击"替换"按钮，Word会替换文本并自动定位到下一处要替换的文本上。继续单击"替换"按钮，直至将文档中的"2009"全部替换为"2010"。

7）在"查找内容"文本框中输入文本"2008"，在"替换为"文本框中输入要替换的文本"2009"。单击"全部替换"按钮，将文档中所有满足条件的文本"2008"全部替换成目标文本"2009"。

3. 切换视图

1）选择菜单栏中的"视图"→"普通"命令，切换到普通视图，如图3-7所示，查看效果。

视图切换图标栏 ——

图3-7

2）单击Word窗口左下角视图切换图标栏（如图3-7所示）中的"大纲视图"图标按钮，切换到大纲视图，查看效果。

3）单击Word窗口左下角视图切换图标栏中的"Web版式视图"图标按钮，切换到Web版式视图，查看效果。

4）单击Word窗口左下角视图切换图标栏中的"阅读版式"图标按钮，切换到阅读版式视图，查看效果。

5）单击工具栏上的"关闭"按钮，退出阅读版式视图，返回页面视图模式。

6）单击常用工具栏中的"显示比例"下拉列表框，选择不同的显示比例，查看效果。

7）单击Word窗口右上角"关闭"按钮，自定文件名保存文档并关闭Word。

任务 3.2　文档格式化

任务目标

1）掌握自然段版式及文字格式的设置方法。

2）掌握调整字符间距的基本操作。

3）了解项目符号和编号的使用方法。

4）掌握行距调整和段落对齐的方法。

3.2.1　相关知识

1. 字符的格式

字符的格式主要包括字符的字体、字号、字形（如粗体、斜体等）、字符颜色、字符间距、字符修饰和位置等。

2. 段落格式

段落格式是用来改变段落的外观属性，它主要包括段落缩进和对齐方式、行间距和段落间距、自动编号、制表位、边框和底纹等。

3. 对齐方式

对齐方式是段落内容在文档的左右边界之间的横向排列方式。Word 提供了以下 5 种对齐方式：

1）两端对齐。设置文本内容，调整文字的水平间距，使其均匀分布在左右页边距之间。两端对齐使两侧文字具有整齐的边缘，所有文字左边和右边都能自动调整，整齐排列，未满一行则对齐左边。这种对齐方式是 Word 文档中最常用的，也是系统默认的对齐方式。

2）左对齐。设置文本内容，调整文字的水平间距，使段落或者文章中的文字沿水平方向向左对齐的一种对齐方式。所有文字以左边为基准对齐，右边可能会出现不够整齐的情况。

3）右对齐。文本在 Word 文档右边界被对齐，使文章右侧文字具有整齐的边缘，而左边界是不规则的。一般文章落款部分的内容多采用"右对齐"方式。

4）居中对齐。文字沿水平方向向中间集中对齐的一种对齐方式。居中对齐使文章两侧文字整齐地向中间集中，使整个段落或整篇文章都整齐地在页面中间显示。一般文章的标题多采用"居中对齐"方式。

5）分散对齐。所有文字，根据字数自动平均分布于整行。

通常情况下，Word 文档的标题应设置为"水平居中"方式，文章的落款设置为"右对齐"方式，而正文部分一般设置为默认的"两端对齐"模式。

4. 行距

行距指设置文本行与行之间的距离。Word 提供以下几种行距设置：

1）单倍行距。每行的高度可以容纳该行的最大字体，再加上一点空余距离。

2）1.5 倍行距。把行间距设置为单行间距的 1.5 倍。

3）2 倍行距。把行距设置为单行间距的 2 倍。

4）最小值。行距为能容纳本行中最大字体或图形的最小行距。如果在"设置值"文本框内输入一个值，则行距不会小于这个值。

5）固定值。行与行之间的间隔精确地等于在"设置值"文本框中输入的数值。

6）多倍行距。允许行距以任何百分比增减。

3.2.2　任务实现

1）打开本模块素材文件夹，双击文档"招聘启事.doc"，打开该文档。

2）选中文本"招聘启事"，在格式工具栏中的"字体"下拉列表框中，选择"华文彩云"，在"字号"下拉列表框中，选择"一号"。

3）单击"字号"下拉列表框右侧"**B**"按钮，加粗文本。单击"居中"按钮，使文字居中对齐。单击"字体颜色"按钮右侧黑三角，在打开的颜色选择列表中选择"蓝色"，将字符颜色设为蓝色，如图3-8所示。

图3-8

4）选择菜单栏中的"格式"→"字体"命令，打开"字体"对话框。选择"字符间距"选项卡，设置"间距"为"加宽"，设置"磅值"为"10磅"，其他选项默认，如图3-9所示。

5）选中正文，选择菜单栏中的"格式"→"段落"命令，打开"段落"对话框。在"缩进和间距"选项卡中，设置"特殊格式"为"首行缩进"，设置"度量值"为"2字符"，设置"行距"为"固定值"，设置"设置值"为"24磅"，如图3-10所示。

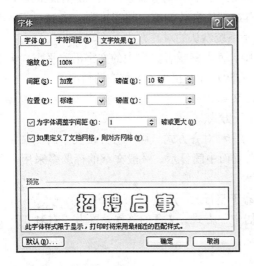

图3-9

图3-10

6）选中段落"××××学院……"，选择菜单栏中的"格式"→"字体"命令，打开"字体"对话框。选择"字体"选项卡，设置"中文字体"为"宋体"，设置"字形"为"常规"，设置"字号"为"四号"，其他选项默认，如图3-11所示。

7）选中文本"经贸系主任应聘条件"，选择菜单栏中的"格式"→"项目符号和编号"命令，打开"项目符号和编号"对话框。在"项目符号"选项卡中，选择喜欢的项目符号，如图3-12所示。单击"确定"按钮，为选定的段落设置项目符号。

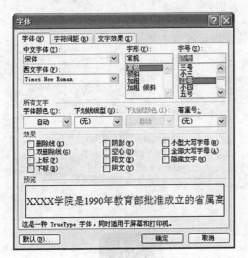

图 3 - 11

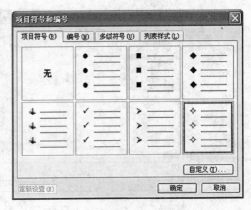

图 3 - 12

8）利用格式工具栏设置"字体"为"宋体"，设置"字号"为"四号"并加粗。

9）选中文本"经贸系主任应聘条件"下的3个段落，利用格式工具栏设置"字体"为"楷体_GB2312"，设置"字号"为"四号"。

10）选择菜单栏中的"格式"→"项目符号和编号"命令，打开"项目符号和编号"对话框。在"编号"选项卡中，选择喜欢的项目编号，如图 3 - 13示，单击"确定"按钮，为选中的段落设置编号。

11）选中文本"教师应聘条件"，单击格式工具栏中"项目符号"图标按钮，为选定的段落设置项目符号。

图 3 - 13

12）利用格式工具栏设置"字体"为"宋体"，设置"字号"为"四号"并加粗。

13）选中文本"教师应聘条件"下的三个段落，在选择的文本中单击鼠标右键，在弹出的快捷菜单中选择"字体"命令，打开"字体"对话框。设置"字体"为"楷体_ GB2312"，设置"字号"为"四号"。

14）单击格式工具栏中"编号"按钮，为选定的段落设置编号。

15）选中"有意应聘者……"及后面所有文本，利用格式工具栏设置"字体"为"宋体"，设置"字号"为"四号"。

16）在文本"邮编"前插入字符"☰"，在文本"电话及传真"前插入字符"☎"，在文本"电子邮箱"前插入字符"✉"，并将这些字符的颜色设置为"红色"。

17）选中文本"88888888"，按下"Ctrl"键不放，用鼠标继续选中文本"010 - 88888888"和"gyrsc@ 163. com"。

18）选择菜单栏中的"格式"→"字体"命令，打开"字体"对话框。选择"文字效果"选项卡，选择"动态效果"列表框中的"赤水情深"项，如图 3 - 14 所示，单击"确定"按钮。

19）选中文本"××××学院人事处"和"2009 年 7 月 1 日"，单击格式工具栏中"右对齐"

按钮，右对齐文本。

20）在水平标尺中用鼠标单击"右缩进"滑块，拖动鼠标改变右缩进值，如图 3-15 所示。

图 3-14　　　　　　　　　　　　　　　　图 3-15

21）将光标定位在"经贸系主任应聘条件"段落中，单击鼠标右键，在弹出的快捷菜单中选择"段落"命令，打开"段落"对话框。在"间距"选项卡中，单击"段前"文本框中向上的箭头，把间距设置为"0.5 行"，如图 3-16 所示，单击"确定"按钮，拉开该段落和前面段落之间的距离。

22）同上方法，拉开"教师应聘条件"段落和前面段落之间的距离。

23）选中标题，选择菜单栏中的"格式"→"边框和底纹"命令，打开"边框和底纹"对话框，选择"边框"选项卡，按图 3-17 所示设置相关选项。

24）选择"页面边框"选项卡，按图 3-18 所示设置相关选项，单击"确定"按钮。

图 3-16

图 3-17

图 3-18

25）选择菜单栏中的"格式"→"背景"→"填充效果"命令，打开"填充效果"对话框。在"纹理"选项卡中选择"羊皮纸"纹理，如图 3-19 所示，单击"确定"按钮。

26）最终效果如图 3-20 所示，保存文档，退出 Word 2003。

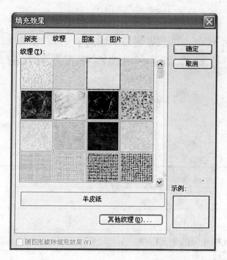

图 3-19

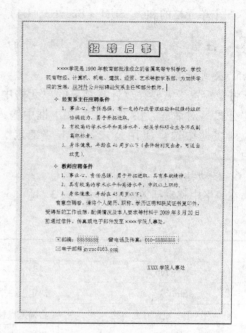

图 3-20

任务3.3 使用表格

任务目标

1）掌握表格的创建与编辑方法。

2）掌握表格的格式化技巧。

3）掌握对表格进行排序和计算的方法。

4）掌握创建与编辑图表的基本方法。

3.3.1 相关知识

1. 表格

表格由一行或多行单元格组成，用于显示数字和其他项以便快速引用和分析。表格中的项被组织为行和列。

2. 单元格

表格中交叉的行与列形成的框称为单元格，可以在该框中输入信息。单元格命名规则是列号从左到右依次编号为"A、B、C…"，行号从上到下依次编号为"1、2、3…"，如"A1"、"B5"等。

3. 虚框

虚框也是构成单元格的边框，但不能打印显示。

4. 常用函数

Word 中常用的函数有"SUM"（求和），"MAX"（求最大值），"MIN"（求最小值），"AVER-AGE"（求平均值）。

常用的参数有"ABOVE"（插入点上方各数值单元格），"LEFT"（插入点左侧各数值单元格）。例如，"SUM（ABOVE）"为求插入点以上各数值和，"SUM（B2：B6）"为求"B2"到"B6"5个单元格的和，"SUM（B2，C3，D4）"为求"B2"、"C3"和"D4"3个单元格的和。

注意　　　　　"B2，C3，D4"中的逗号必须使用英文输入状态下的逗号。

5. 公式计算

将光标置于需要存放计算结果的单元格中，选择菜单栏中的"表格"→"公式"命令，打开"公式"对话框。在"公式"文本框中输入计算公式（切记以等号开头），在"粘贴函数"下拉列表框中选择所用公式，单击"确定"按钮，计算结果便会出现在插入点所在的单元格中。

6. 移动插入点

在表格中移动插入点的方法见表3-1。

表3-1

按　键	功　能
Tab	选定下一个单元格
Shift + Tab	选定上一个单元格
上、下、左、右方向键	将插入点移到该单元格相邻的单元格中
Alt + Home	将插入点移到当前行的第一个单元格
Alt + End	将插入点移到当前行的最后一个单元格
Alt + Page Up	将插入点移到当前列的第一个单元格
Alt + Page Down	将插入点移到当前列的最后一个单元格

7. 选定表格编辑对象

选定表格编辑对象的方法见表3-2。

表3-2

选　定　区　域	鼠　标　操　作
单元格中所有文字	将鼠标移动到该单元格内最左端，等鼠标指针变为黑色向上倾斜的箭头时，单击鼠标（即在单元格的左边框与文字之间）
一组相邻的单元格	单击并拖动鼠标
一行	在该行左边框外侧处单击鼠标，或在行中单击鼠标，选择菜单栏中的"表格"→"选择"→"行"命令
多行	在某行左边框外侧处单击鼠标并拖动鼠标
一列	将鼠标指针移动在该列顶部边框外侧处，等鼠标指针变为黑色向下的箭头时，单击鼠标，或在列中单击鼠标，选择菜单栏中的"表格"→"选择"→"列"命令
多列	将鼠标指针移动在某列顶部边框外侧处，等鼠标指针变为黑色向下的箭头时，单击鼠标并拖动鼠标
整个表格	将鼠标指针移入表格区域，单击表格左上角的十字箭头

3.3.2 任务实现

1. 创建与编辑表格

1）启动 Word 2003，新建文档，在文档中单击要插入表格的位置。

2）选择菜单栏中的"表格"→"插入"→"表格"命令，打开"插入表格"对话框。在"表格尺寸"区域设置要插入表格的列数为"3"、行数为"5"，如图 3-21 所示。

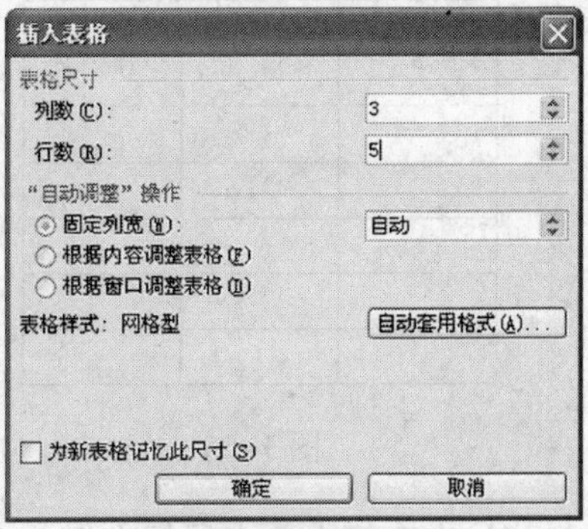

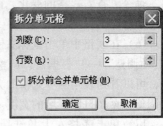

图 3-21

3）其他参数默认，单击"确定"按钮，即可插入表格。

4）拖动鼠标，选中第一行所有单元格。

5）选择菜单栏中的"表格"→"合并单元格"命令，第一行所有单元格就被合并成一个单元格。

6）选取上步合并的单元格。

7）选择菜单栏中的"表格"→"拆分单元格"命令，弹出"拆分单元格"对话框，在"列数"文本框中输入"3"，在行数文本框中输入"2"，如图 3-22 示。

图 3-22

8）单击"确定"按钮，即可拆分单元格。

9）单击表格左上角的十字箭头，选中整个表格，单击格式工具栏中的"居中"图标按钮，使整个表格居中排列。

10）选中第一行所有单元格，单击鼠标右键，在弹出的快捷菜单中选择"单元格对齐方式"命令，如图 3-23 所示，在弹出的菜单中单击"居中对齐"图标按钮。

11）选取第一列所有单元格，同上方法设置"居中对齐"格式。

12）将鼠标放在表格右下角的小正方形上，鼠标变成一个拖动标记，如图 3-24 所示。按下左键，拖动鼠标，改变整个表格的大小，拖动的同时表格中的单元格的大小也在自动地调整。

图 3-23

图 3-24

13）把鼠标放到表格的框线上，鼠标会变成一个两边带有箭头的双线标记，这时按下左键拖动鼠标，会改变当前框线的位置，同时改变单元格的大小，如图 3-25 所示。

14）要改变单元格的大小，选中该单元格，用鼠标拖动它的框线，改变的只是选中单元格的框线位置。如图 3-26 所示为拖动前后的对照图。

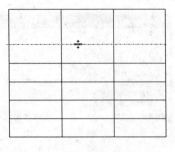

图 3-25

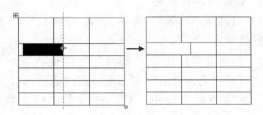

图 3-26

15）在表格中单击鼠标右键，在弹出的快捷菜单中选择"自动调整"→"根据内容调整表格"命令，查看表格的变化，可以看到表格的单元格的大小都发生了变化，大小仅仅能容下单元格中的内容了。

16）在表格中单击鼠标右键，在弹出的快捷菜单中选择"自动调整"→"根据窗口调整表格"命令，查看表格的变化，可以看到表格的单元格的大小都发生了变化，表格的宽度调整为页面打印区域的宽度。

17）单击表格左上角选择手柄，选中整个表格。单击"表格和边框"工具栏中的"平均分布各行"图标按钮，表格中选中的行就自动调整到了相同的宽度。

18）将光标定位在左上角的第一个单元格里，单击鼠标右键，在弹出的快捷菜单中选择"表格属性"命令，打开"表格属性"对话框，选择"行"选项卡，勾选"指定高度"项，并指定高度为"2 厘米"，如图 3-27 所示。

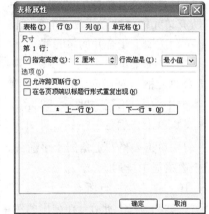

图 3-27

19）单击"下一行"按钮，指定高度为"0.8 厘米"。

20）重复上步操作，将其余行高都调整为"0.8 厘米"，最后单击"确定"按钮。

21）将光标定位在左上角的第一个单元格里，选择菜单栏中的"表格"→"插入斜线表头"命令，打开"插入斜线表头"对话框。

22）在"表头样式"下拉列表框中选择"样式二"，"字体大小"选择"五号"，在"行标题"文本框输入"课程"，"数据标题"文本框输入"成绩"，"列标题"文本框输入"姓名"，如图 3-28 所示。

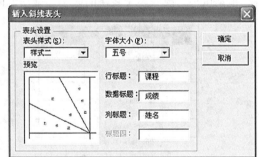

图 3-28

23）单击"确定"按钮，插入斜线表头。

24）将光标定位于第 2 行第 3 列（即 C2）单元格中，选择菜单栏中的"表格"→"插入"→"列（在右侧）"命令，如图 3-29 所示，插入一列。

25）将光标定位于第 2 行第 3 列（即 C2）单元格中，选择菜单栏中的"表格"→"插入"→"行（在下方）"命令，插入一行。

26）将光标定位在整个表格下面的段落标记前，选择菜单栏中的"表格"→"插入"→"行（在上方）"命令，打开"插入行"对话框，输入插入的行数为"2"，如图 3-30 所示。

27）单击"确定"按钮，为上面的表格增加 2 行。

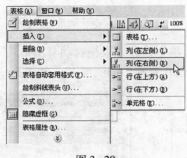

图 3 - 29

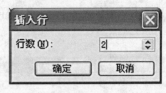

图 3 - 30

28）选中第一行所有单元格，单击常用工具栏中的"复制"图标按钮。

29）将光标定位到该表格外的其他位置，单击常用工具栏中的"粘贴"图标按钮，会复制一个独立的表格。

注意　不要在紧挨着表格的下方复制表格。

30）选中复制的表格，按 <←> 键，删除整个表格。

31）选中第 2 行第 4 列单元格，按 <←> 键，将打开"删除单元格"对话框，如图 3 - 31 所示。

32）选择"删除整行"项，单击"确定"按钮，删除该单元格所在的行。

33）参照表 3 - 3，输入数据。

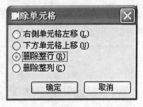

图 3 - 31

表 3 - 3

成绩　课程 姓　名	计算机基础	大学语文	高等数学
刘亚莉	90	67	79
李宇航	86	78	87
胡　静	92	76	88
罗亦萧	72	75	62
李翼林	96	95	97

34）选中表格，单击鼠标右键，在弹出的快捷菜单中选择"边框与底纹"命令，打开"边框和底纹"对话框。选择"边框"选项卡，在"设置"选项栏中选择"方框"，"颜色"选择"蓝色"，"宽度"选择"1 磅"，如图 3 - 32 所示。

35）单击"确定"按钮关闭对话框，查看效果。

36）选取表格的第一行，单击鼠标右键，在弹出的快捷菜单中选择"边框与底纹"命令，在弹出的"边框和底纹"对话框的"底

图 3 - 32

纹"选项卡中，在"填充"中单击"浅黄"色块，如图 3 - 33 所示，单击"确定"按钮，查看效果。

37）选中表格，单击鼠标右键，在弹出的快捷菜单中选择"表格自动套用格式"命令，打开"表格自动套用格式"对话框。在"表格样式"列表框中选择"简明型 1"，如图 3 - 34 所示。

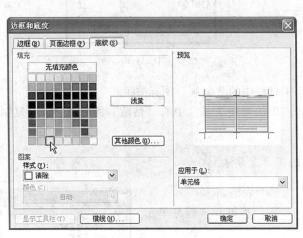

图 3 - 33　　　　　　　　　　　　　　　图 3 - 34

38）单击"应用"按钮，查看效果。

2. 排序与计算

1）选中"高等数学"列，单击"表格和边框"工具栏中的"降序"图标按钮，如图 3 - 35 所示，查看排序结果。

图 3 - 35

2）参照前述方法，将表 3 - 3 右侧增加一列，底部增加一行。标题行标签输入"总分"，底部一行的行标签输入"平均"。

3）将光标定位到"总分"列下第一个单元格中，单击"表格和边框"工具栏中的"自动求和"图标按钮。

4）选中自动生成的数字，将它复制到下面的单元格中并选中，按 < F9 > 键，查看效果。重复操作得到所有"总分"结果。

5）把光标定位到"平均"行的第一个单元格中，选择菜单栏中的"表格"→"公式"命令，打开"公式"对话框。在"公式"文本框中输入" = AVERAGE（ABOVE）"，如图 3 - 36 所示，单击"确定"按钮。

图 3 - 36

6）选中自动生成的数字，把它复制到该行右侧需要计算平均值的单元格中并选中，按 < F9 > 键。重复操作即可得到所有"平均"结果。

3. 转换表格

1）把光标定位在表格中，选择菜单栏中的"表格"→"转换"→"表格转换成文字"命令，打开"表格转换成文字"对话框。选择"制表符"项，如图 3 - 37 所示，单击"确定"按钮，将表格转换成文字，查看

图 3 - 37

效果。

2）删除斜线表头，全选转换生成的文字，选择菜单栏中的"表格"→"转换"→"文字转换成表格"命令，打开"将文字转换成表格"对话框。选择"制表符"项，如图3-38所示，单击"确定"按钮，将文字转换为表格。

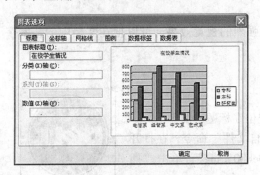

图 3-38

4. 创建图表

1）打开本模块素材文件"图表. doc"，选中整个表格，选择菜单栏中的"插入"→"图片"→"图表"命令，进入"Microsoft Graph"工作环境，在文档空白处单击鼠标，生成图表。

2）在生成的图表上单击鼠标右键，在弹出的快捷菜单中选择"图表对象"→"打开"命令，打开"Microsoft Graph"工作界面。

3）在"Microsoft Graph"菜单中选择"图表"→"图表选项"命令，打开"图表选项"对话框，如图3-39所示。

4）选择"标题"选项卡，在"图表标题"文本框中输入"在校学生情况"，单击"确定"按钮。

5）关闭"Microsoft Graph"窗口，返回Word工作界面，拖动图表的边框，将图表调整到合适大小，生成如图3-40所示图表。

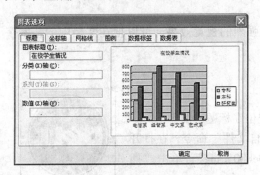

图 3-39

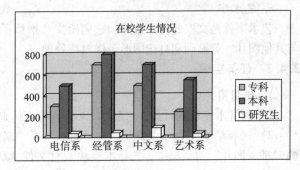

图 3-40

6）保存文档，退出 Word 2003。

任务3.4 使用图形和对象

任务目标

1）掌握在文档中插入图片并设置图片格式的方法。

2）掌握艺术字、图形和文本框等对象的使用技巧。

3）掌握公式编辑器的使用方法。

3.4.1 相关知识

1. 图文混排

Word提供了多种对象，包括图片、剪贴画、艺术文字和文本框等，还提供了绘图工具，可直接在文档中绘制流程图、组织结构图等。用户可方便地对这些对象进行插入、删除、修改操作，也可以按用户自己的需要进行合理排版，使文章具有图文并茂的效果。

2. 文本层和叠放次序

Word 文档分文本层、绘图层、文本层之下层 3 个层次。

1）文本层。用户在编辑文档时使用的层，插入的嵌入型图片文件或嵌入型剪贴画，都可以位于文本层。

2）绘图层。绘图层位于文本层之上。把图形对象放在绘图层，即可使图形浮于文字上方。

3）文本层之下层。根据需要把一些图形对象放在文本层之下，称为图片衬于文字下方，使图形和文本产生叠层效果。

在编辑文稿时可见图形对象可在文本层的上、下层次之间移动，也可将某个图形对象移动到同一层中其他图形的前面或后面。

3. 文本框

文本框是一种包含文字的图形对象。由于文本框是图形，这就意味着可以在文本框中填充颜色、纹理图案或图片，可以修改其边框的粗细和线形，也可以让文档中的正文文字以不同的方式环绕在文本框四周。

4. 对象组合

组合指将选定的多个对象组合为单个对象，以便将它们作为一个整体来移动或修改。

5. 外部对象

外部对象指 Word 之外的 Windows 应用程序制作的对象。利用外部对象可实现在 Word 文档中使用其他应用软件制作的数据，达到应用程序间共享数据的目的，如"Microsoft 公式"对象。

6. 艺术字

艺术字就是文字的特殊效果，它们给文章增添了强烈的视觉效果。可以把在文档中的艺术字与其他图片、剪贴画和自选图形一样对待处理。

3.4.2 任务实现

1. 使用图片

1）打开本模块素材文件"戴尔. doc"，将光标定位在标题之前。

2）选择菜单栏中的"插入"→"图片"→"来自文件"命令，在打开的"插入图片"对话框中，选择本模块素材文件"Dell001. jpg"，单击"插入"按钮，将图片插入到文档中。

3）单击图片，图片周围显示黑色的控制手柄，如图 3-41 所示。

图 3-41

4）将鼠标移动到控制手柄上，鼠标变成了双箭头的形状，按住鼠标左键拖动鼠标，适当改变图片的大小。

5）用鼠标右键单击图片，在弹出的快捷菜单中选择"设置图片格式"命令，打开"设置图片格式"对话框。选择"版式"选项卡，选择"环绕方式"为"四周型"，"水平对齐方式"为"左对齐"，如图 3-42 所示，单击"确定"按钮。

6）选择标题，设置标题的"段前"间距和"段后"间距都为"2 行"。

7）将光标定位在正文的第一自然段之前，在文档窗口底部的绘图工具栏中单击"插入图片"图标按钮，在打开的"插入图片"对话框中，选择本模块素材文件"Dell002. jpg"，单击"插入"按钮，将

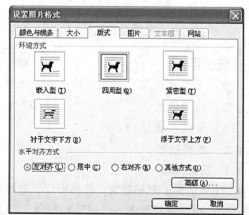

图 3-42

图片插入到文档中。

8）单击如图3-43所示图片工具栏中"设置图片格式"图标按钮，打开"设置图片格式"对话框。

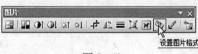

图3-43

9）选择"大小"选项卡，设置图片"宽度"为"14厘米"。

10）选择"版式"选项卡，设置"环绕方式"为"衬于文字下方"，"水平对齐方式"为"居中"。

11）选择"图片"选项卡，在"图像控制"选项栏中设置"颜色"为"冲蚀"，单击"确定"按钮，查看效果。

12）将光标定位在第二自然段之前，插入本模块素材文件"Dell003.png"。打开"设置图片格式"对话框，选择"版式"选项卡，设置"环绕方式"为"紧密型"，"水平对齐方式"为"右对齐"，单击"确定"按钮，查看效果。

13）将光标定位在正文之后，按＜Enter＞键换行，插入本模块素材文件"Dell004.bmp"。选择图片，单击图片工具栏中的"增加对比度"图标按钮，增加图片对比度。再单击图片工具栏中的"增加亮度"图标按钮，增加图片亮度。

14）选择图片，单击绘图工具栏中"阴影样式"图标按钮，添加如图3-44所示阴影效果。

2. 使用艺术字

1）将光标定位在图片"Dell004.bmp"之后，按＜Enter＞键换行，选择菜单栏中的"插入"→"图片"→"艺术字"命令，打开"插入艺术字"对话框，如图3-45所示，选择自己喜欢的样式。

2）单击"确定"按钮，打开"编辑'艺术字'文字"对话框。输入文本"非凡能量，绝对速度"，字体设置为"黑体"，字号为"36"并加粗，如图3-46所示。单击"确定"按钮。

图3-44

图3-45

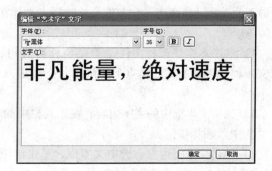

图3-46

3）单击"绘图"工具栏中的"三维效果样式"图标按钮，选择自己喜欢的样式，添加三维效果，如图 3-47 所示。

4）参考效果如图 3-48 所示，保存文档，退出 Word 2003。

图 3-47   图 3-48

3. 使用文本框

1）新建 Word 文档，输入标题"李白与杜甫"，合理设置"字体"与"字号"并"居中"对齐。按 <Enter> 键换行，插入本模块素材文件"李白 . jpg"。选择图片，打开"设置图片格式"对话框，调整图片宽度为"20 厘米"。

2）选择图片，单击"图片"工具栏中的"裁剪"图标按钮，将鼠标移至左边框中部控制点，如图 3-49 所示，按下鼠标拖动，裁剪图片。

3）选择菜单栏中的"插入"→"文本框"→"竖排"命令，这时光标变成一个"十"字形，按住鼠标左键不放并拖动，画出一个方框，此时插入光标在方框里闪烁。

图 3-49

4）参考本模块素材文件"李白与杜甫诗句 . doc"，输入李白的诗句"静夜思"。将鼠标放在文本框的四周的实心黑点上，鼠标状态变成双向箭头，按住鼠标左键不放，适当调整文本框大小。

5）选中文本框中的文字内容，在工具栏中的"字体"下拉列表框中选择"华文行楷"，再单击"居中"图标按钮。

6）单击文本框边框，选中文本框，单击绘图工具栏中的"填充颜色"右侧的小箭头，选择"浅黄"，单击"线条颜色"右侧的小箭头，选择"蓝色"，单击"线形"按钮，选择"3 磅"，如图 3-50 所示。

7）选中文本框，单击"绘图"工具栏中的"阴影"图标按钮，选择"阴影样式 1"。

8）将光标定位在图片右侧，插入本模块素材文件"杜甫.jpg"。单击绘图工具栏中的"文本框"图标按钮，在图片"杜甫.jpg"上拖动鼠标，绘制文本框窗口，参考本模块素材文件"李白与杜甫诗句.doc"，在文本框中输入杜甫诗句"致李白"。

9）选中文本框中的文字内容，单击工具栏中的"居中"图标按钮。

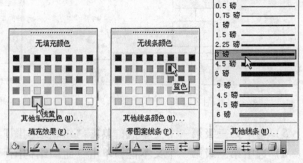

图 3 - 50

10）选中文本框，单击鼠标右键，在弹出的快捷菜单中选择"设置文本框格式"命令，打开"设置文本框格式"对话框。选择"文本框"选项卡，将"内部边距"都设为"0.35 厘米"，如图 3 - 51 所示。

11）选择"线条与颜色"选项卡，在"填充"选项栏中将"颜色"设为"浅黄"，"透明度"设为"50%"；在"线条"选项栏中将"颜色"设为"蓝色"，"粗细"设为"3 磅"，如图 3 - 52 所示。

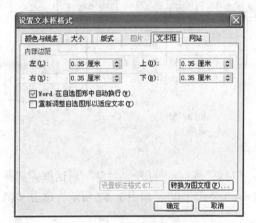

图 3 - 51

图 3 - 52

12）单击"确定"按钮，完成效果如图 3 - 53 所示，以"李白与杜甫"为文件名保存文档。

4. 使用其他对象

1）打开本模块素材文件"微软公司简介.doc"，将光标定位在正文后，按 < Enter > 键换行。

2）选择菜单栏中的"插入"→"图片"→"组织结构图"命令，插入一个简单的组织结构图。第二级共有 3 个文本框，选中左侧文本框，按下 < Delete > 键删除，同法删除右侧文本框。

3）选中第二级剩下唯一的一个文本框，单击"组织结构图"工具栏中的"插入形状"图标按钮 4 次，在第三级插入 4 个文本框，如图 3 - 54 所示。

4）选中第二级文本框，单击"组织结构图"工具栏中的"插入形状"下拉按钮，选择"助手"，如图 3 - 55 所示。

图 3 - 53

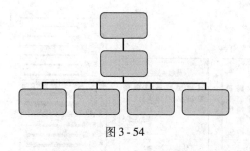

图 3 - 54

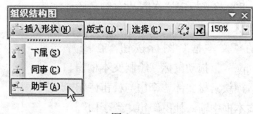

图 3 - 55

5）选中第三级第一个文本框，单击"组织结构图"工具栏中的"插入形状"图标按钮 3 次。

6）选中第三级第二个文本框，单击"组织结构图"工具栏中的"插入形状"图标按钮 2 次。

7）选中第三级第三个文本框，单击"组织结构图"工具栏中的"插入形状"图标按钮 2 次。

8）选中第三级第四个文本框，单击"组织结构图"工具栏中的"插入形状"图标按钮 3 次。

9）参照图 3 - 56 所示，在各个文本框中输入相应文本。

10）把光标移动到组织结构图的左下角，按住鼠标左键拖动，合理调整组织结构图的大小，保存并关闭文档。

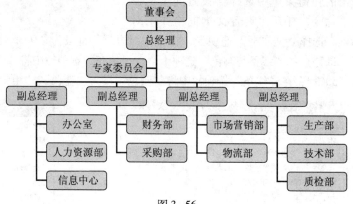

图 3 - 56

5. 录入数学公式

1）新建 Word 文档，选择菜单栏中的"插入"→"对象"命令，打开"对象"对话框。选择"新建"选项卡，在"对象类型"列表框中选择"Microsoft 公式 3.0"，如图 3 - 57 所示，单击"确定"按钮。

2）此时 Word 界面变成为如图 3 - 58 所示式样。

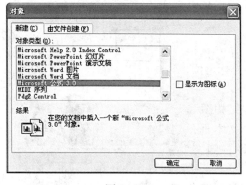

图 3 - 57

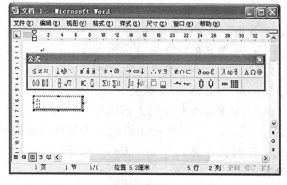

图 3 - 58

3）单击"公式"工具栏上的"分式和根式"模板按钮，选择"分式"模板，如图 3 - 59 所示。

4）再次单击"公式"工具栏中的"分式和根式"模板按钮，选择"根式"模板，如图 3 - 60 所示。

5）在输入框中输入"3"和"x"，单击"公式"工具栏中的"上标和下标"模板按钮，选择"下标"模板，如图 3 - 61 所示，在输入框中输入"1"。

图 3 - 59　　　　　　　　　　图 3 - 60　　　　　　　　　　图 3 - 61

6）按 < → > 键移动光标，使用上步方法输入"x_2"。继续输入" + "、"x"和分母"x"，再次单击"公式"工具栏中的"上标和下标"模板按钮，选择"上标和下标"模板，如图 3 - 62 所示。

7）在上标与下标输入框输入"2"和"1"，如图 3 - 63 所示。

8）使用上述类似方法完成如图 3 - 64 所示字母符号的输入。

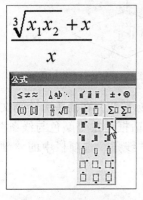

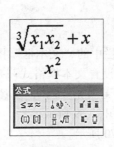

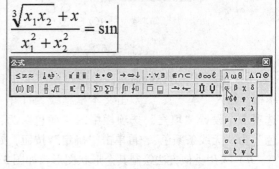

图 3 - 62　　　　　　　　图 3 - 63　　　　　　　　图 3 - 64

9）单击"公式"工具栏中的"希腊字母"模板按钮，选择"α"模板，如图 3 - 64 所示。

10）在 Word 文档中任何位置单击，回到文本编辑状态，完成公式输入。单击所建公式，可见建立的数学公式以图形的格式显示，如图 3 - 65 所示。

$$\frac{\sqrt[3]{x_1 x_2} + x}{x_1^2 + x_2^2} = \sin \alpha$$

图 3 - 65

☀ 提示　　插入的公式是一个整体图形对象，单击该对象即可对其进行选定、移动、缩放操作，也可像图像一样进行复制、删除操作。

11）双击该对象，可重新进入该对象的公式编辑环境，进行编辑修改。

12）打开本模块素材文件"线性扩散图像去噪方法 . doc"，利用公式编辑器将文档中的图片内容转换为公式图形对象。

6. 使用图形

1）新建 Word 文档，设置"居中"对齐，单击"绘图"工具栏中的"箭头"按钮，绘制如

图 3 - 66 所示的"箭头"。

2）单击"绘图"工具栏中的"矩形"按钮，在画布上绘制一个矩形。

注意　如果需要改变画布的大小，把鼠标移动到画布边框的控制点上，当鼠标指针变为裁剪形状时，按住鼠标左键拖动即可。

3）单击矩形框线，选中矩形，单击鼠标右键，在弹出的快捷菜单中选择"编辑文字"命令，输入文本"i = 0　j = 100"，如图 3 - 66 所示。

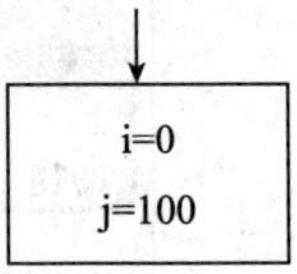

4）在矩形方框下方继续绘制一个箭头。单击"绘图"工具栏中的"自选图形"图标按钮，单击"流程图"项中的"决策"按钮，如图 3 - 67 所示。

5）在画布上绘制菱形。选中菱形，单击鼠标右键，在弹出的快捷菜单中选择"添加文字"命令，输入文本"i≤j"，如图 3 - 68 所示。

图 3 - 66

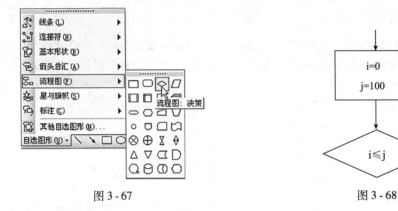

图 3 - 67

图 3 - 68

6）在菱形下方绘制箭头。单击"绘图"工具栏中的"文本框"图标按钮，在箭头旁绘制文本框，输入文本"真"。双击文本框框线，打开"设置文本框格式"对话框，在"颜色与线条"选项卡中设置"填充"选项栏中的"颜色"为"无填充颜色"，设置"线条"选项栏中的"颜色"为"无线条颜色"，再单击"确定"按钮，如图 3 - 69 所示。

7）采用类似方法绘制其余形状图形，如图 3 - 70 所示。

图 3 - 69

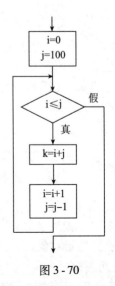

图 3 - 70

8）在画布上按住鼠标左键拖动（或按住＜Ctrl＞键的同时分别单击图形对象），选中所有的对象，在对象上单击鼠标右键，在弹出的快捷菜单中选择"组合"→"组合"命令，将选中的图形组合为一个整体

注意　　如果不需要组合时，可选择"组合"→"取消组合"命令。

9）以"绘制图形对象"为文件名保存并关闭文档。

任务3.5　页面排版与打印

任务目标

1）掌握Word常用的页面设置方法。

2）掌握创建与使用样式的方法。

3）掌握设置页眉和页脚的方法。

4）掌握打印文档的基本方法。

3.5.1　相关知识

1. 样式

样式是应用于文档中的文本、表格和列表的一套格式特征，它是一组已经命名的字符和段落格式。它规定了文档中标题、题注以及正文等各个文本元素的格式。可以将一种样式应用于某个段落，或者选定的字符上。使用样式定义文档中的各级标题，如标题1、标题2、标题3、……标题9，就可以智能化地制作出文档的标题目录。

样式按不同的定义来分，可以分为字符样式和段落样式，也可以分为内置样式和自定义样式。

字符样式指由样式名称来标识的字符格式的组合，它提供字符的字体、字号、字符间距和特殊效果等。字符样式仅作用于段落中选定的字符。

段落样式指由样式名称来标识的一套字符格式和段落格式，包括字体、制表位、边框、段落格式等。

Word本身自带了许多样式，称为内置样式。但有时候这些样式可能满足不了需要，这时可以创建新的样式，称为自定义样式。内置样式和自定义样式在使用和修改时没有任何区别，但是自定义样式可以删除，内置样式不能删除。

用户可以创建或应用下列类型的样式：

1）段落样式。控制段落外观的所有方面，如文本对齐、制表位、行间距和边框等，也可能包括字符格式。

2）字符样式。段落内选定文字的外观，如文字的字体、字号、加粗及倾斜格式。

3）表格样式。可为表格的边框、阴影、对齐方式和字体提供一致的外观。

4）列表样式。可为列表应用相似的对齐方式、编号或项目符号字符以及字体。

提示　　使用样式能减少许多重复的操作，在短时间内排出高质量的文档，如要一次改变使用某个样式的所有文字的格式时，只需修改该样式即可。例如，"标题2"样式最初为"四号、宋体、两端对齐、加粗"，如果用户希望"标题2"样式为"三号、隶书、居中、常规"，此时不必重新定义"标题2"的每一个实例，只需改变"标题2"样式的属性就可以了。

2. 自动分页和强制分页

在 Word 中输入文本时，Word 会按照页面设置中的参数，在文字填满一行时自动换行，填满一页后自动分页，这叫做自动分页。而插入分页符则可以使文档从插入分页符的位置强制分页。

3. 分节符

分节符指为表示节的结尾插入的标记。分节符包含节的格式设置元素，如页边距、页面的方向、页眉和页脚以及页码的顺序。分节符的类型共有"下一页"、"连续"、"奇数页"和"偶数页"4 种。

1）下一页：插入一个分节符，新节从下一页开始。

2）连续：插入一个分节符，新节从同一页开始。

3）奇数页/偶数页：插入一个分节符，新节从下一个奇数页或偶数页开始。

4. 页眉和页脚

页眉和页脚通常显示文档的附加信息，用来插入书籍的名称、章节名称、日期、时间、页码、单位名称等。其中，页眉在页面的顶部，页脚在页面的底部。

5. 分栏

分栏排版是在页面中按垂直方向对齐，逐栏排列文字，文字在填满一栏后才转到下一栏排列。这样做既可美化页面，又可方便阅读。分栏排版有多种形式，可以排成两栏、三栏甚至六栏，可根据实际需要进行设置，也可以调整各栏的栏宽和各栏中的文字排列。

6. 水印

水印是显示在文档文本后面的文字或图片，可以增加趣味或标识文档的状态。

7. 脚注和尾注

脚注和尾注是对文本的补充说明，用于在打印文档时为文档中的文本提供解释、批注以及相关的参考资料。可用脚注对文档内容进行注释说明，而用尾注说明引用的文献。

脚注一般位于页面的底部，可以作为文档某处内容的注释。尾注一般位于文档的末尾，主要用于列出引文的出处等。

脚注和尾注由两个关联的部分组成，包括注释引用标记和注释文本。可让 Word 自动为标记编号或创建自定义的标记。在添加、删除或移动自动编号的注释时，Word 将对注释引用标记重新编号。

如果要删除某个注释，可以在文档中选定相应的注释引用编号，直接按 <Delete> 键，Word 会自动删除对应的注释文本，并对文档后面的注释重新编号。

8. 目录

目录通常是文档不可缺少的部分，有了目录，读者就能很容易地知道文档中有什么内容，如何查找内容等。

Word 提供了自动创建目录的功能，使目录的制作变得非常简便，既不用费力地去手工制作目录、核对页码，也不必担心目录与正文不符，而且在文档发生了改变以后，还可以利用更新目录的功能来适应文档的变化。

Word 一般是利用标题或者大纲级别来创建目录的。因此，在创建目录之前，应确保希望出现在目录中的标题应用了内置的标题样式（标题 1 到标题 9）。

3.5.2 任务实现

1. 页面设置

1）打开本模块素材文件"雪夜.doc"，选择菜单栏中的"文件"→"页面设置"命令，打开"页面设置"对话框。选择"纸张"选项卡，从"纸张大小"下拉列表框中选择纸张的大小为

"A4"，如图 3 - 71 所示。

2）选择"页边距"选项卡，在"方向"选项栏中选择"纵向"，参照 3 - 72 所示输入上下左右四个方向的页边距，单击"确定"按钮。

图 3 - 71

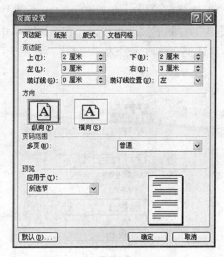

图 3 - 72

3）设置文章标题的字体为"黑体"，字号为"一号"。设置作者的字体为"黑体"，字号为"四号"。设置正文字体为"宋体"、字号为"5 号"，首行缩进"2 字符"。

2. 使用分栏

1）选中第一段和最后一段之外的所有文本，选择菜单栏中的"格式"→"分栏"命令，打开"分栏"对话框。

:::注意
特别注意不要选中选择区最末一个"回车"符。
:::

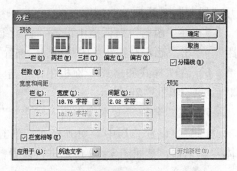

2）在"预设"选项栏中选择"两栏"，勾选"分隔线"和"栏宽相等"项，在"应用于"下拉列表框中选择"所选文字"，如图 3 - 73 所示，单击"确定"按钮。

图 3 - 73

3）将插入光标置于文档末尾，插入本模块素材文件"雪松.png"，修改其环绕方式为"紧密型"，将图片移动至文档中央。

4）再次将插入光标置于文档末尾，插入本模块素材文件"雪夜.jpg"，居中对齐图片并合理调整图片大小。

5）保存并关闭文档。

3. 创建样式

1）打开本模块素材文件"30 天改变你的人生.doc"，选择菜单栏中的"文件"→"页面设置"命令，打开"页面设置"对话框，参照页面设置中的步骤1）和2）设置纸张的大小和页边距。

2）选择"版式"选项卡，参照图 3 - 74 所示设置节的起

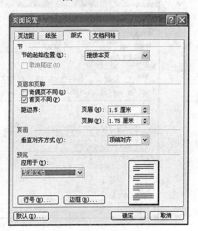

图 3 - 74

始位置、页眉和页脚形式、距边界的距离和页面垂直对齐方式，单击"确定"按钮。

☀ 提示　　　勾选"首页不同"项，文档首页将不显示"页眉和页脚"。

3）选择菜单栏中的"格式"→"样式和格式"命令，打开"样式和格式"面板。单击样式"标题1"右侧下拉箭头按钮，在弹出菜单中选择"修改"命令，如图3-75所示。打开"修改样式"对话框，修改字号为"三号"，如图3-76所示，单击"确定"按钮。

图3-75　　　　　　　　　　　　　　　　　图3-76

4）用同样方法打开"正文"的"修改样式"对话框，单击对话框底部"格式"按钮，在弹出的下拉菜单中选择"段落"命令，如图3-77所示，打开"段落"对话框。

5）在"段落"对话框中设置"首行缩进"为"2字符"，行距为"2倍行距"，单击"确定"按钮关闭对话框，查看文档正文，可见已自动应用了该样式。

6）在"样式和格式"面板中，单击"新样式"按钮，打开"新建样式"对话框，如图3-78所示。

7）在"名称"文本框中输入"名言"，"样式基于"下拉列表框中选择"无样式"，设置"居中"对齐格式。单击左下角的"格式"按钮，打开"字体"对话框，参照图3-79所示进行设置，单击"确定"按钮。

图3-77

图3-78　　　　　　　　　　　　　　　　　图3-79

8）移动光标到作者姓名后，单击绘图工具栏中的"插入剪贴画"图标按钮，在打开的"剪贴画"面板中选择一款自己喜欢的图画插入文档中。

9）自主设计首页的文字格式，效果如图3-80所示。

4. 分页

1）移动光标到文本"第一天"前，选择菜单栏中的"插入"→"分隔符"命令，打开"分隔符"对话框。选择"分页符"项，如图3-81所示，单击"确定"按钮插入一个分页符。

图3-80

图3-81

提示　　默认情况下，分页符是不显示的。单击"常用"工具栏中的"显示/隐藏编辑标记"图标按钮，会显示分页符，再次单击会隐藏分页符。光标定位到分页符的前面，按<Delete>键，即可删除分页符。

2）使用同样的方法，插入多个分页符，使文档后面每一天的内容都单独显示在单页上。

5. 使用样式

1）选中文本"第一天：阅读开启个人潜能之钥"，单击"样式和格式"面板中的样式"标题1"，应用该样式。

2）选中文本"第二天：引导你生活的控制力量"，单击工具栏中的"样式"下拉列表，在列表中选择样式"标题1"，应用该样式。

3）同上方法，为后面每一天的标题都应用该样式。

4）选中第一天后的名言"如果你从工作中学习，就不可能失败!"，应用自定义的样式"名言"。

5）同上方法，为后面每一天后的名言内容都应用该样式。

6. 使用页眉和页脚

1）移动光标到"第一天"前的"分页符"前，按<Delete>键删除该分页符。

2）选择菜单栏中的"插入"→"分隔符"命令，打开"分隔符"对话框。选择"分节符类型"中的"下一页"项，单击"确定"按钮插入一个分节符。

3）选择"视图"→"页眉和页脚"命令，打开了"页眉和页脚"工具栏，如图3-82所示。

图 3 - 82

4）在页眉编辑区输入"30 天改变你的人生"。把光标移动到页脚位置，在页脚编辑区输入"安东尼·罗宾斯"。单击"页眉和页脚"工具栏中的"关闭"按钮，完成"页眉和页脚"的设置，返回文档编辑状态。

 注意　　查看首页上有无页眉和页脚。

7. 插入页码

1）选择菜单栏中的"插入"→"页码"命令，打开"页码"对话框，选择"居中"对齐方式，如图 3 - 83 所示。

2）单击"页码"对话框里的"格式"按钮，打开"页码格式"对话框，如图 3 - 84 所示。

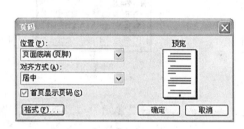

图 3 - 83

图 3 - 84

3）在"页码格式"对话框里选择一种"数字格式"，选择"起始页码"选项并设置值为"1"，单击"确定"按钮，完成页码插入。

 注意　　查看首页上有无页码。

8. 插入水印

1）选择菜单栏中的"格式"→"背景"→"水印"命令，打开"水印"对话框，选中"文字水印"项，在"文字"下拉列表框中选择"传阅"，如图 3 - 85 所示。

2）参照图 3 - 85 所示设置其他选项，单击"确定"按钮，查看页面中出现的水印效果。

9. 使用脚注与尾注

1）将鼠标置于首页作者名后，选择菜单栏中的"插入"→"引用"→"脚注和尾注"命令，打开"脚注和尾注"对话框，选择"尾注"项，在"尾注"右边的下拉列表中选择"文档结尾"项，如图 3 - 86 所示。

2）自行设置"格式"的相关选项，最后设置"将更改应用于"为"整篇文档"。单击"插入"按钮插入尾注，此插入光标自动移至文档结尾处。

10. 插入文件

1）选择菜单栏中的"插入"→"文件"命令，打开"插入文件"对话框，如图 3 - 87 所示。

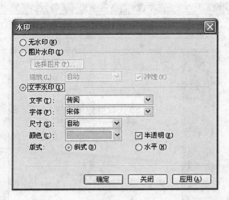

图 3 - 85

图 3 - 86

图 3 - 87

2）选择本模块素材文件"安东尼．罗宾斯．txt"，单击"插入"按钮，插入文件内容，作为"尾注"内容。

11. 创建目录

1）将光标移至首页底部，插入一个分页符。单击工具栏中的"样式"下拉列表，在列表中选择样式"清除样式"。

2）选择菜单栏中的"插入"→"引用"→"索引和目录"命令，打开"索引和目录"对话框，选择"目录"选项卡，如图 3 - 88 所示。

3）在"格式"列表框中选择目录的风格"来自模板"，勾选"显示页码"复选框

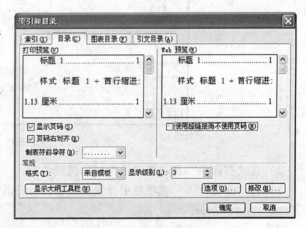

图 3 - 88

和"页码右对齐"复选框，取消"使用超链接而不使用页码"项。单击"确定"按钮，生成目录。

 提示　　选择的结果可以通过"打印预览"框来查看。

12. 打印预览

1）一般在打印之前需要先预览一下打印的内容。选择菜单栏中的"文件"→"打印预览"命令，打开如图3-89所示的"打印预览"窗口，在这里看到的文档的效果就是打印出来的效果。

2）单击"打印预览"工具栏中的"百分比"下拉列表框，可改变文档预览显示的比例。

3）单击"打印预览"工具栏中的"多页"按钮，选择一种多页的方式，查看多页显示。

4）单击"打印预览"工具栏中的"单页"按钮，可在预览窗口中查看单页显示。

5）单击"打印预览"工具栏中的"关闭"按钮，返回文档编辑窗口。

6）保存文档。

13. 文档打印

1）选择菜单栏中的"文件"→"打印"命令，打开"打印"对话框，如图3-90所示。

图3-89

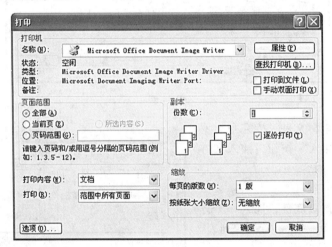

图3-90

2）在"打印机"选项栏中选择打印机型号。

3）在"页面范围"选项栏中设置要打印的页码范围。

> 💡 提示　　　"全部"指打印文档的所有页面；"当前页"指只打印当前光标所在的一页；"页码范围"指打印连续或不连续的部分页面，不连续页面的页码之间加一个半角的逗号，连续的页码之间加一个半角的连字符。

4）在"副本"选项栏中设置要打印的份数。

5）单击"打印"按钮开始打印。

6）再次打开"打印"对话框。在"按纸张大小缩放"下拉列表框中选择"16开"，单击"打印"按钮开始缩放打印。

7）再次打开"打印"对话框。在"打印"下拉列表框中选择"奇数页"，单击"确定"按钮进行奇数页打印。

8）打印完毕后再将打印出来的纸翻过来，放回打印机中。

 注意　　　一定要注意纸张的放置顺序。

9）在"打印"对话框的"打印"下拉列表框中选择"偶数页"，单击"确定"按钮进行偶数页打印，完成双面打印。

提示　　　打印操作需要打印机配合，在没有连接打印机的情况下，可使用"Microsoft Office Document Image Writer"，并勾选"打印到文件"项，打印到文件中，查看效果。

技能与技巧

1. 使用邮件合并

先建立两个文档，一个包括所有文件共有内容的主文档（如未填写的信封等），另一个包括变化信息的数据源（收件人、邮编等），然后使用邮件合并功能在主文档中插入变化的信息。合成后的文件，用户可以保存为 Word 文档，可以打印出来，也可以邮件形式发出去。由于能批量生成需要的邮件文档，因此大大提高了工作的效率。

邮件合并的应用领域主要有批量打印信封、请柬、工资条、个人简历、学生成绩单、各类获奖证书和准考证等。只要有数据源（标准的二维数表），就可以很方便地按记录的方式用邮件合并功能打印出来。

1）新建一个空白文档。

2）选择菜单栏中的"工具"→"信封与邮件"→"邮件合并"命令，在文档右侧"任务"面板显示邮件合并的向导，如图 3-91 所示。

3）在"选择文档类型"中选择"信封"项，单击向导下边的"下一步"链接，进入向导第 2 步，如图 3-92 所示。

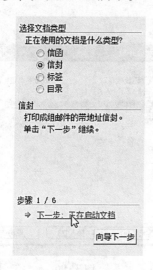

图 3-91

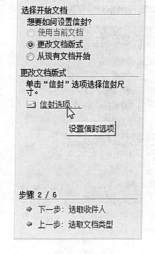

图 3-92

4）选择"更改文档版式"选项，单击"更改文档版式"设置区的"信封选项"链接，打开"信封选项"对话框。单击"信封尺寸"下拉列表框的下拉箭头，在弹出的列表中选择信封类型"普通5（110×220毫米）"，再单击"确定"按钮，如图3-93所示。

5）插入点自动定位于信封下方的文本框中，输入自己所在学校或单位的通信地址和邮政编码（即发信人的信息）。

6）单击向导中的"下一步"链接，进入向导第3步，如图3-94所示。选择"使用现有列表"选项，单击"浏览"链接。

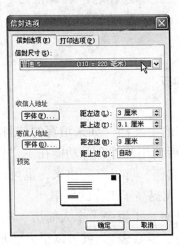

图3-93

图3-94

7）在弹出的"选取数据源"对话框中，选择本模块素材文件"邮件合并数据源.doc"。

8）单击向导底部的"下一步"链接，进入向导第4步，如图3-95所示。单击"其他项目"链接，打开"插入合并域"对话框，如图3-96所示。

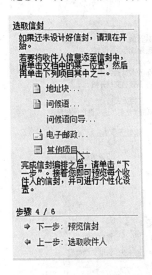

图3-95

图3-96

9）选择"数据库域"项，在"域"列表框中选择"姓名"，单击"插入"按钮。再分别选择"地址"和"邮编"，单击"插入"按钮。

10）关闭"插入合并域"对话框，此时文档窗口如图 3 - 97 所示。

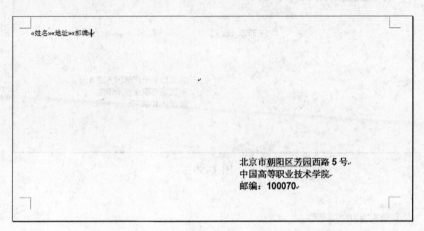

图 3 - 97

11）将"姓名"、"地址"和"邮编"字段的文本框拖动到合适位置，前后加上适当的文字，自行设置字体格式，效果如图 3 - 98 所示。

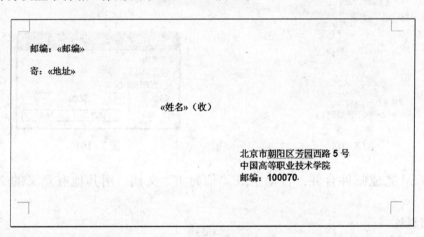

图 3 - 98

12）单击向导底部的"下一步"链接，进入向导第 5 步，预览信封，此时文档如图 3 - 99 所示。

13）如果对预览结果不满意，可以单击向导底部的"上一步"链接，修改相关格式直到满意。

14）单击"下一步"链接，进入向导第 6 步。单击向导中"编辑个人信封"链接，如图 3 - 100 所示。

15）在打开的"合并到新文档"对话框中，选择"全部"项，如图 3 - 101 所示，单击"确定"按钮。

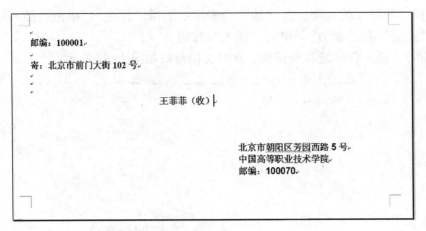

图 3 - 99

图 3 - 100

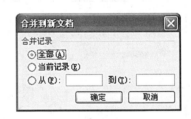

图 3 - 101

16）Word 完成邮件合并，自动生成"信封 1"文档，用其他有意义的文件名保存文档。

2. 使用模板

模板是一种特殊类型的 Word 文档，其文件格式为 *.dot，是文本、图形和格式排版的蓝图。它用来作为生成其他文档的基础。Word 默认的文档模板是 normal.dot。模板的使用使得 Word 建立特殊要求文档的工作减少了许多重复的劳动，大大方便了使用者。

1）选择菜单栏中的"文件"→"新建"命令，打开"任务"面板，选择"本机上的模板"链接，打开"模板"对话框，如图 3 - 102 所示。选定一款模板，单击"确定"按钮。

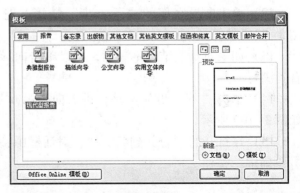

图 3 - 102

2）按照模板的格式，在相应位置输入自定内容，即将此模板应用到新文档中了。

3）打开本模块素材文件"名片.doc"，自主修改各种格式。

4）选择菜单栏中的"文件"→"另存为"命令，打开"另存为"对话框。

5）在"保存类型"下拉列表框中选择"文档模板"项，在"文件名"文本框中命名为"我的名片"，确定保存位置，再单击"保存"按钮保存模板，如图3-103所示。

注意　默认情况下，Word会自动打开"Templates"文件夹保存模板。

6）选择菜单栏中的"文件"→"新建"命令，打开"任务"面板，选择"本机上的模板"链接，打开"模板"对话框，选定"我的名片"，如图3-104所示。单击"确定"按钮，即可使用此模板创建新文档。

图3-103

图3-104

3. 添加自动更正词条

Word可用"自动更正"功能自动检测并更正键入错误、误拼的单词、语法错误和错误的大小写等。例如，如果键入"teh"及空格，则"自动更正"会将键入内容替换为"the"。还可以使用"自动更正"快速插入文字、图形或符号，如输入"中国"，自动更新为"中华人民共和国"。

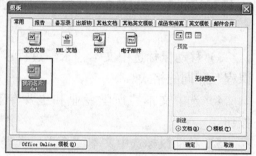

1）新建文档，选择菜单栏中的"工具"→"自动更正选项"命令，打开"自动更正"对话框，如图3-105所示。

2）在"替换"文本框中输入要更正的文本"中国"。

3）在"替换为"文本框中输入要替换的文本"中华人民共和国"。

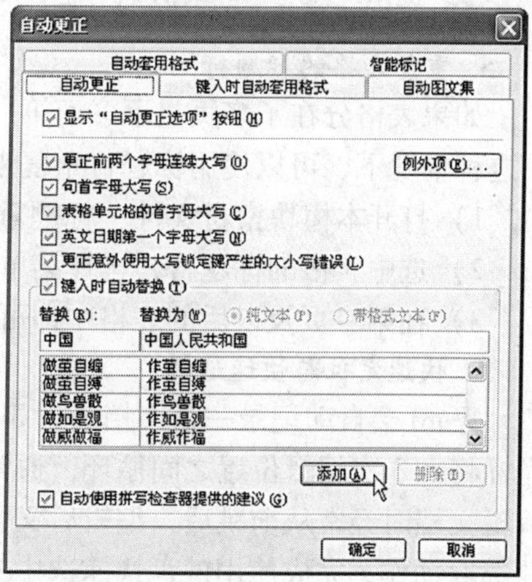

图3-105

4）单击"添加"按钮，添加词条，再单击"确定"按钮。

5）在文档中输入"中国"，查看是否自动替换为"中华人民共和国"。

若不需要该词条时，可再次打开"自动更正"对话框，选中该词条，单击"删除"按钮即可。也可以在图 3 - 105 中，取消"键入时自动替换"复选框，取消 Word 的自动替换词组功能。

注意

4. 复制字符格式

在文档中，常遇到需要将不同位置的字符编辑为相同的格式。例如，所有同一级的小标题全部编辑为黑体、加粗、四号，如果对这些小标题逐一选定来进行设置，既麻烦效率又低。利用工具栏上的"格式刷"图标按钮，可以方便地将一段文本的格式复制到另外一段文本上。格式越复杂，效率越高。

1）打开本模块素材文件"个人简历 . doc"，选中文本"所学专业和主要专业课程"。

2）单击常用工具栏中的"格式刷"图标按钮，如图 3 - 106 所示。

图 3 - 106

3）移动鼠标选中文本"求学过程:"，该文本即使用了与文本"所学专业和主要专业课程"相同的格式。

4）选中文本"所学专业和主要专业课程"，双击常用工具栏中的"格式刷"图标按钮。

5）移动鼠标选中文本"个人成长经历:"，继续选择其他段落标题，更改其他段落标题格式，如果想取消连续使用功能，只需再次单击工具栏上的"格式刷"按钮图标就可以了。

提示 注意比较鼠标单击"格式刷"按钮与双击"格式刷"按钮的区别。

5. 重复表格的标题行

如果表格分在了多页显示，而第二页及以后的表格并没有表头，这给浏览造成不便。在这种情况下，可以使用标题行重复来解决这个问题。

1）打开本模块素材文件"标题重复 . doc"。

2）选中表格的标题行，选择菜单栏中的"表格"→"标题行重复"命令。

3）在第二页及以后的表格中即可显示标题行，查看变化。

6. 快速定位与快速选择

Word 会自动记录一篇文档最近 3 次编辑文字的位置。可以重复按下 < Shift + F5 > 键，光标将在 3 次编辑位置之间循环，通常用于快速将光标定位在最近 3 次的编辑位置，如在编辑文档时经常从前跳后，编辑后又要从后跳到前面。另外，< F8 > 键可以用来执行不同的选取动作，完成使用键盘快速选中文本。

按下 1 次 < F8 > 键，可设置选取区域的起点；连续按 2 次 < F8 > 键，可选取一个字或词；连续按 3 次 < F8 > 键，可选取一句话；连续按 4 次 < F8 > 键，可选取一整段话；连续按 5 次 < F8 > 键，则可以进行全选；按 < ESC > 键即可退出扩展模式。

1）打开本模块素材文件"绿色旋律 . doc"，重复按下 < Shift + F5 > 键，查看光标的变化。

2）按下 < F8 > 键，在文档中任意位置单击设置选取区域的起点。

3）第二次按下 <F8> 键，查看选取内容。

4）第三次按下 <F8> 键，查看选取内容。

5）第四次按下 <F8> 键，查看选取内容。

6）第五次按下 <F8> 键，查看选取内容。

7）按 <Esc> 键退出扩展模式。

7. 保护文档

文档保护就是通过设置密码，控制其他人对文档的访问，防止未经授权查阅和修改文档。Word 2003 提供了简单的文档保护功能。

1）打开本模块素材文件"个人简历.doc"，选择菜单栏中的"文件"→"保存"命令，打开"另存为"对话框。

2）在打开的"另存为"对话框中，单击"工具"按钮，选择"安全措施选项"命令，如图 3-107 所示。

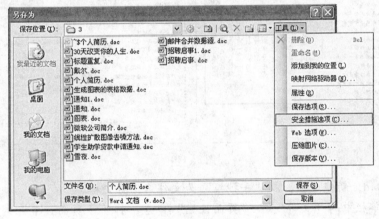

图 3-107

3）在打开的"安全性"对话框中，设置"打开文件时的密码"和"修改文件时的密码"，如图 3-108 所示。

4）单击"确定"按钮，将打开"确认密码"对话框，如图 3-109 所示。

图 3-108

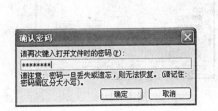

图 3-109

5）再次输入设置的密码，单击"确定"按钮。以文件名"安全文档.doc"保存文档。

6）打开已保存的文件"安全文档.doc"，查看变化。

综 合 训 练

1）打开本模块素材文件"手抄报.jpg"，如图 3-110 所示，了解分析布局结构。

图 3-110

2）启动 Word，新建文档，以"手抄报"为文件名保存文档。

3）选择菜单栏中的"文件"→"页面设置"命令，打开"页面设置"对话框，设置纸张大小为"A4"，"方向"为"横向"，其他参数如图 3-111 所示。

4）选择菜单栏中的"格式"→"分栏"命令，打开"分栏"对话框，选中"两栏"，"间距"设为"3字符"，勾选"分隔线"和"栏宽相等"项，如图 3-112 所示。

图 3-111

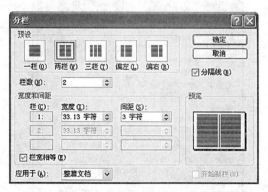

图 3-112

5）选择菜单栏中的"插入"→"图片"→"艺术字"命令，在弹出的"艺术字库"对话框中，选择如图 3 - 113 所示样式，单击"确定"按钮。

6）此时弹出"编辑艺术字文字"对话框，在文字框内输入"青春岁月"，"字体"选择"方正舒体"，"字号"选择"24 号"，单击"确定"按钮。

7）在插入的艺术字上单击鼠标右键，在弹出的快捷菜单中选择"设置艺术字格式"命令，打开"设置艺术字格式"对话框。选中"版式"选项卡，"环绕方式"选择"浮于文字上方"。

8）选择"颜色与线条"选项卡，将"填充"选项栏中的"颜色"和"线条"选项栏中的"颜色"都选为"浅蓝"，如图 3 - 114 所示。

图 3 - 113

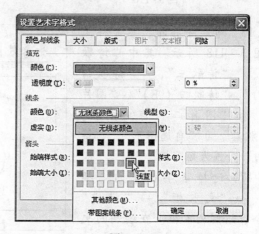

图 3 - 114

 提示　　　为了便于文本框、艺术字的定位，单击鼠标左键，看到插入点，然后多次按 < Enter > 键，但不要太多致使第二页出现。

9）把刚才设置好的"青春岁月"艺术字，拖动到手抄报左上角合适的位置。

10）单击"绘图"工具栏中的"直线"图标按钮，在"青春岁月"下绘制一条水平的直线，拖动到合适的位置。

11）选中刚才所绘制的直线，单击"绘图"工具栏中的"线型"图标按钮，选中"4.5 磅"线条，如图 3 - 115 所示。

12）在线条下输入青春岁月的拼音大写"QING CHUN SUI YUE"。

13）在"青春岁月"的右侧插入一个文本框，输入需要的日期和主办单位等文字。文字字体使用"方正舒体"，字号使用"三号"。

14）选中输入的日期和主办单位文字，选择菜单栏中的"格式"→"项目符合和编号"命令，在打开的"项目符合和编号"对话框中，选择一种项目符号，如图 3 - 116 所示。

15）报头设计效果如图 3 - 117 所示。

图 3 - 115

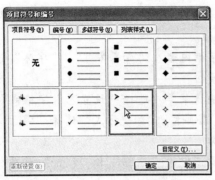

图 3-116

图 3-117

16）布局手抄报，参考样式如图 3 - 118 所示。其中"诗歌一"、"诗歌三"、"诗歌四（上）"、"诗歌四（下）"、"图片一"和"图片二"为文本框，"诗歌二"为"自选图形"，"诗歌四"外围为矩形框。

17）选择菜单栏中的"插入"→"文本框"→"横排"命令，绘制文本框。在绘制的文本框外的画布内单击鼠标右键，在弹出的快捷菜单中选择"设置绘图画布格式"命令，打开"设置绘图画布格式"对话框，如图 3 - 119 所示。

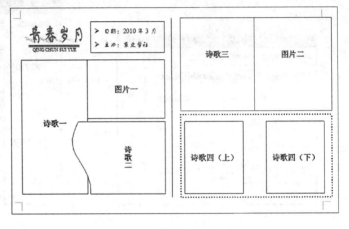

图 3 - 118

18）选择"版式"选项卡，"环绕方式"选择"浮于文字上方"，单击"确定"按钮。

19）在文本框上单击鼠标右键，在弹出的快捷菜单中选择"设置文本框格式"命令，打开"设置文本框格式"对话框。选择"线条与颜色"选项卡，将"线条"选项栏中的"颜色"设置为"无线条颜色"，单击"确定"按钮。

20）用鼠标右键单击已设置格式的文本框，在弹出的快捷菜单中选择"复制"命令，按布局需要"粘贴"5 次，分别拖动边线改变大小并移动到合适位置。

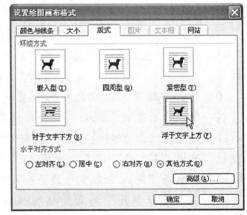

图 3 - 119

21）参照本模块素材文件"诗歌集锦 . doc"的内容，首先在"诗歌一"、"诗歌三"、"诗歌四（上）"和"诗歌四（下）"四个文本框内输入相关的诗歌文本内容，自行设置字体格式。

> **注意** 注意使"诗歌四（下）"中的文字右对齐，这样中间空间较大，可以插入"艺术字"作为该诗的标题。

22）单击"绘图"工具栏中的"自选图形"→"流程图"→"文档"图标按钮，如图3-120所示。在文档"诗歌二"位置画一个"文档"图形。

23）此时把鼠标移动到该图形最上面的绿色小圆圈处，当鼠标指针变换成可旋转图形时，按住鼠标左键旋转90°，如图3-121所示。

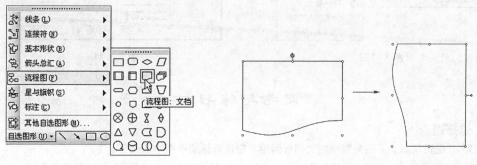

图3-120   图3-121

24）在该自选图形上单击鼠标右键，在弹出的快捷菜单中选择"添加文字"命令。

25）再次单击鼠标右键，在弹出的快捷菜单中选择"文字方向"命令，打开"文字方向-文本框"对话框，如图3-122所示，参照图示设置文字方向。

26）输入诗歌"离别"的内容并设置字体格式。

27）根据"诗歌二"和"诗歌四"的标题需要，插入艺术字并自行设置格式。

图3-122

> **技巧** 对竖排艺术字，在"编辑艺术字文字"对话框的文字框内每输入一个文字，按一下<Enter>键，使艺术字内容竖排。

28）单击"图片一"文本框，插入点定位在该文本框内，选择菜单栏中的"插入"→"图片"→"来自文件"命令，插入本模块素材文件"诗集连载.jpg"。

29）使用同样的方法在"图片二"文本框中插入本模块素材文件"牡丹.jpg"。

30）适当调整图片的位置和大小。

31）单击"绘图"工具栏中的"矩形"图标按钮，在"诗歌四"外围绘制矩形。

32）在矩形对象上单击鼠标右键，在弹出的快捷菜单中选择"叠放次序"→"置于底层"命令，如图3-123所示。

33）双击矩形，打开"设置自选图形格式"对话框，选择"颜色与线条"选项卡，在"线条"选项栏中设置"虚实"为"圆点"型，"线型"选择"3磅"，如图3-124所示，单击"确定"按钮。

34）分析颜色搭配和布局，进行微调，直至满意。

35）保存文档，退出Word。

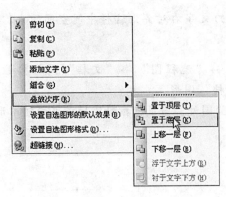

图 3 - 123　　　　　　　　　　　　　　　　图 3 - 124

思考与练习

一、选择题

1. 在 Word 编辑状态下，如果要设定文档行间距，应该选择菜单栏中的（　　）。

A. 文件命令　　　　　　B. 工具命令　　　　　　C. 格式命令　　　　　　D. 窗口命令

2. 如果要将 Word 文档中一部分文本内容复制到别处，首先应该（　　）。

A. 复制　　　　　　　　B. 粘贴　　　　　　　　C. 选择　　　　　　　　D. 剪切

3. 在 Word 表格中，若光标位于表格外右侧行尾处，按 < Enter > 键，结果将是（　　）。

A. 光标移到下一列　　　　　　　　　　　B. 光标移到下一行，表格行数不变

C. 插入一行，表格行数改变　　　　　　　D. 在本单元格内换行，表格行数不变

4. 在 Word 编辑状态下，给当前文档加上页码，应在菜单栏中选择（　　）。

A. 编辑命令　　　　　　B. 插入命令　　　　　　C. 格式命令　　　　　　D. 工具命令

5. 在 Word 下拉菜单中，"字数统计"是在（　　）菜单中。

A. 编辑　　　　　　　　B. 视图　　　　　　　　C. 工具　　　　　　　　D. 格式

6. 下列关于 Word 查找操作说法错误的是（　　）。

A. Word 可以查找带格式的文本内容

B. 无论在什么情况下，查找操作都是在整个文档范围内进行

C. 可以从插入点当前位置开始向上找

D. Word 可以查找一些特殊的格式符号，如分页线等

7. 在使用 Word 文本编辑软件时，要迅速将插入点定位到第一个"计算机"一词，可使用（　　）。

A. 替换　　　　　　　　B. 设备　　　　　　　　C. 查找　　　　　　　　D. 定位

8. 在 Word 窗口工作区中，闪烁的垂直光标并不表示（　　）。

A. 光标位置　　　　　　B. 插入点　　　　　　　C. 键盘输入位置　　　　D. 鼠标指针位置

9. 在 Word 中，"邮件合并"功能是指（　　）。

A. 主要用来将多个 HTML 格式文本合并为一个 HTML 文本的功能

B. 主要用来将多个 E - mail 邮件合并成为一个邮件的功能

C. 用来合并来自主文档和数据源来创建一个文档功能

D. 是一个 E - mail 自动实现邮件合并和转发的功能

10. 页面设置对话框中不能设置（　　）。

A. 纸张大小　　　　　　B. 页边距　　　　　　　C. 打印范围　　　　　　D. 正文横排或竖排

二、思考题

1. Word 文档对齐方式有几种，有什么区别？

2. 以图形为例，说明 Word 文档中什么情形适合用嵌入式图形，什么情形适合用浮动式图形？

3. 在 Word 文档的编辑过程中，是否应经常进行保存操作？

4. 什么是邮件合并？邮件合并的主要应用领域有哪些？

5. 什么是模板？如何建立自己的模板？

三、操作题

1. 输入编辑如图 3 - 125 所示的图文混排文档。

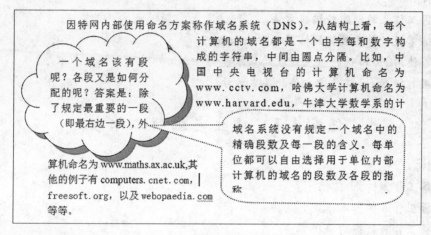

图 3 - 125

2. 插入并编辑如表 3 - 4 所示的表格。

表 3 - 4

姓名	性别	出生年月	政治面貌	照片
通信地址				
个人简历				

3. 绘制如图 3 - 126 所示的流程图。

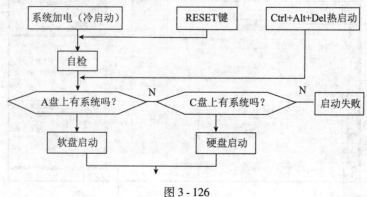

图 3 - 126

4. 精心设计一份介绍本人基本情况（包含文字说明、图片、表格等）的推荐材料。

模块4　统计与处理数据

学习目标

1）掌握工作表的创建与编辑方法。

2）熟练掌握工作表数据的格式化方法和技巧。

3）具备使用 Excel 进行数据处理的基本能力。

4）掌握打印 Excel 工作簿文件的基本方法。

任务4.1　建立与编辑工作表

任务目标

1）了解工作簿的组成。

2）掌握工作表的基本操作方法。

3）掌握工作表数据的编辑方法。

4.1.1　相关知识

1. Excel 2003

Excel 2003 是 Office 2003 的主要应用程序之一，是微软公司推出的一个功能强大的电子表格应用软件，具有强大的数据计算与分析处理功能。利用 Excel 可以把数据用表格及各种图表的形式表现出来，使制作出来的表格图文并茂、形象直观，信息表达更清晰。

Excel 2003 不但可以用于个人、办公等有关的日常事务处理，而且被广泛应用于经济、金融、审计、财会和统计等领域。Excel 2003 工作界面及布局结构如图 4-1 所示。

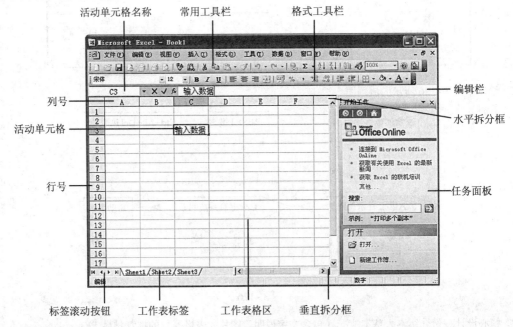

图 4-1

1）编辑栏。编辑栏用于显示工作表中当前单元格的名称及数据。当向工作表当前单元格输入数据或进行数据修改时，在编辑栏中出现"取消（×）"、"输入（√）"和"编辑公式（fx）"3个按钮，并将输入的数据或公式显示在编辑栏的右边。单击"取消"按钮将放弃输入或修改，单击"输入"按钮将确认输入和修改，单击"编辑公式"按钮将出现"公式选项板"，帮助输入函数或建立公式并进行计算。

2）活动单元格名称。活动单元格名称用于显示当前单元格的地址。单元格地址用其所在的列号和行号描述，如单元格 C3 表示位于第 C 列第 3 行的单元格。

3）工作区。编辑栏的下方是工作区，由工作表区、滚动区和工作表标签组成。工作表是一个巨大的表格，有 65536 行，行号在工作表的左端，从上到下依次为 1、2、3 等；有 256 列，列号在工作表的上端，从左到右用 A、B、C 等表示。

每个工作表有一个名字，称为标签。任一时刻，工作区只显示一个工作表，该工作表称为当前工作表。当前工作表的标签被高亮度显示。

4）水平拆分框。位于垂直滚动条的微动按钮上边，拖动水平拆分框可以将窗口分割为上下两个窗口，在两个窗口里可以分别显示工作表中的不同区域。

5）垂直拆分框。位于水平滚动条的微动按钮右侧，拖动垂直拆分框可以将窗口分割为左右两个窗口。

2. 工作簿

工作簿（Book）就是 Excel 表格文件，它是存储数据、公式以及数据格式化等信息的文件，是 Excel 存储数据的基本单位。在 Excel 中处理的各种数据最终都以工作簿文件的形式存储在磁盘上，其文件格式是" ＊.xls"。

启动 Excel 后，系统会自动创建一个名为"Book1"的空白工作簿。每个工作簿通常都是由多张工作表组成，其数目受可用内存的限制，最多可达 255 张工作表。工作表是不能单独存储的，只有工作簿才能以文件的形式存储。

3. 工作表

工作表（Sheet）是一个由行和列交叉排列的二维表格，也称电子表格，用于组织和分析数据。要对工作表进行操作，必须先打开该工作表所在的工作簿。

工作簿一旦打开，它所包含的工作表就一同打开了，用户可以新增和删除工作表。系统给每个工作表一个默认名如"Sheet1"、"Sheet2"等，这些名称也称为工作表标签。

 提示 　　Excel 启动后，系统默认打开的工作表数目是 3 个，可以通过选择菜单栏中的"工具"→"选项"命令，打开"选项"对话框，选择"常规"选项卡，在"新工作簿内的工作表数"框中输入需要的数目（介于 1 ~ 255 之间）来改变这个数目。

4. 单元格

在 Excel 表格中，单元格是表格中行与列的交叉部分，数据的输入和修改都是在单元格中进行的。单元格是最小单位，可以合并但不能拆分。单元格的选定方法主要有以下几种：

1）鼠标左键单击某单元格，便选定了此单元格；按 < Tab > 键选定该行中的下一个单元格；按 < Shift + Tab > 键选定该行的前一个单元格；按方向键 < → >、< ← >、< ↑ > 或 < ↓ > 将选定相应方向的单元格；按 < Ctrl + Home > 键选定单元格 A1。

2）先将鼠标指向要选定的区域的左上角单元格，接着按住鼠标左键不放，由左向右、由上向下移动鼠标直到要选定区域的右下角单元格，再放开鼠标左键，便可以选定一个区域。

3）首先单击要选定区域的左上角单元格，接着按下 < Shift > 键，再单击要选定区域右下角单元格，可以选定连续区域。

4）单击一行的首部（显示行号的位置），可以选定该行的所有单元格。拖动多行的首部，可以选定这些行的所有单元格。

5）单击一列的首部（显示列号的位置），可以选定该列的所有单元格。拖动多列的首部，可以选定这些列的所有单元格。

6）单击工作表的左上角，可以选定工作表中的所有单元格。

7）首先选定第一个区域，然后按下 < Ctrl > 键，再选定其他区域，可以选定不邻接区域。

5. 输入文本

在 Excel 中，文本可以是字母、汉字、数字、空格和其他的字符。以输入方式区分，文本分为以下两类：

1）普通文本。普通文本即通常意义的文本，如名称和文字资料等。可以在活动单元格或编辑栏中直接输入文本，输入后的文本在单元格中自动左对齐。

2）特殊文本。特殊文本即由数字字符组成的文本，如职工编号和邮政编码等。先输入英文单引号"'"，再输入数值、日期或时间，则该数据被当做文本型数据，在单元格中自动左对齐。例如，输入"'1024"，在单元格中只显示"1024"且自动左对齐。

对文本型数值用公式或函数计算时，得不到用数值型计算时的结果。一般用于不需计算的数值，如电话号码、身份证号码等。

在输入文本过程中，对没有规律的文本，按住单元格的右下角拖动可以填充为相同的文本。对有规律的文本，按住单元格的右下角拖动会填充为递增的文本，如拖动"星期一"，填充为"星期二"、"星期三"等。而按住 < Ctrl > 键再拖动单元格的右下角会填充为相同的文本，如按住 < Ctrl > 键拖动"星期一"，填充为"星期一"、"星期一"等。

 技巧　　要在同一个单元格中换行，必需按下 < Alt + Enter > 组合键。

6. 输入数值

数值只能由"0 ~ 9"、"＋"（正号）、"－"（负号）、","（千分位号）、"/"（分数）、"＄"或"￥"（货币符号）、"."（小数点）、"E"或"e"（科学记数符）等字符组成。Excel 将忽略数字前面的"＋"（正号），并将单个英文句号（.）视作小数点，所有其他数字与非数字的组合均作文本处理。数值型数据主要有以下 6 种类型：

1）普通数值。可以包括数字、小数点、正负号，如"302"、"6.7"和"－0.84"等。

2）千以上数值。可以用千分号","分隔，如"10, 000, 000"。

3）科学计数法。如"1.5E－2"表示 1.5×10^{-2}。

4）分数。如"0 1/2"。

 注意　　注意不能输入为"1/2"，"1/2"会被解释为"1 月 2 日"。

5）百分数。如"25%"。

6）货币数据。如"＄500"和"￥2000"。

数值型数据在单元格中自动右对齐。拖动单元格右下角，会自动填充相同的数值；而按住 < Ctrl > 键拖动单元格右下角，会自动填充递增为 1 的数值。

如果要用等差数列或等比数列填充行或列，可以先输入第一个数值，把该单元格和需要填充的单元格选中，选择菜单栏中的"编辑"→"填充"→"序列"命令，在打开的对话框中选择填充的方式和步长即可。也可以只选中第一个数据，直接选择菜单栏中的"编辑"→"填充"→"序列"命令，在打开的对话框中设置填充的方向、填充的类型、步长和中止值即可。

7. 输入日期和时间数据

日期、时间等数据自动右对齐。

输入日期的年、月、日之间要用"/"或"－"分隔。例如，"2006/5/1"、"2006－5－1"、"06－5－1"和"2006 年 5 月 1 日"都是合法的日期数据。

输入时间的时、分、秒之间要用"："分隔。12 小时制下可以用 AM 表示上午，PM 表示下午，它可以放在时间之后，且与时间用空格分开。例如，"2:30"、"2:30 PM"和"14:30"都是合法的时间数据。

8. 修改数据

修改数据可以在单元格内修改，也可以在编辑栏内修改。

1）在单元格内修改。首先双击目标单元格，在单元格内修改数据，然后按 < Enter > 键或单击编辑栏中的"输入"按钮，完成对该单元格内数据的修改。如果按 < Esc > 键或单击编辑栏中的"取消"按钮，可以取消本次修改。

2）在编辑栏内修改。单击目标单元格，此时在编辑栏中出现当前单元格中的数据，再单击编辑栏，修改数据。这种方法比较适用于修改数据较长的单元格。

9. 移动数据

选定要移动的单元格或区域，将鼠标移向选定单元格或区域的边框，此时鼠标指针变成"十"字箭头形状，按下鼠标左键拖动（这时有一个和选定单元格或区域大小相等的虚框跟着移动），到达目标位置后，松开鼠标左键，便可将选定的单元格或区域内的数据移动到目标位置。

10. 复制数据

选定要复制的单元格或区域，将鼠标移向选定单元格或区域的边框并按下 < Ctrl > 键，鼠标指针变成"十"字箭头形状，按下鼠标左键拖动，到达目标位置后，松开鼠标左键，便可将选定的单元格或区域内的数据复制到目标位置。

11. 清除数据

选定要清除的单元格或区域，选择菜单栏中的"编辑"→"清除"命令，弹出下拉菜单。选择"全部"项，将选定单元格或区域的内容，包括数据、格式和批注全部清除；选择"格式"项，将选定单元格或区域内数据的格式清除；选择"内容"项，将选定单元格或区域的数据清除；选择"批注"项，将选定单元格的批注清除。

4.1.2 任务实现

1. 创建工作表并输入编辑数据

1）启动 Excel，选择菜单栏中的"文件"→"保存"命令，用"建立工作表.xls"为文件名保存文件。

2）在 A 列中输入如表 4－1 中 A 列所示文本数据。

表 4－1

	A	B	C	D	E	F	G	H
1	姓名	性别						
2	张永利	男						
3	王锋	男						
4	赵海涛	男						

（续）

	A	B	C	D	E	F	G	H
5	王俊峰	男						
6	赵勇	男						
7	王思琪	女						
8	常新丽	女						
9	李兰	女						
10	杨思敏	女						

图4-2

3）单击鼠标定位 B1 单元格，输入"性别"，按 <↓> 键，输入"男"，用鼠标按住单元格的右下角拖动至 B6，填充相同的文本。

4）单击鼠标定位到 B7 单元格，输入"女"，用鼠标按住单元格的右下角拖动至 B10，填充相同的文本，如表4-1中B列所示。

5）用鼠标右键单击单元格 A1，在弹出的快捷菜单中选择"插入"命令，打开"插入"对话框，如图4-2所示。选择"整列"项，单击"确定"按钮。

6）单击单元格 A1，输入"工号"，按 <↓> 键，输入"'1001"，用鼠标按住单元格的右下角拖动至 A10，填充文本，见表4-2，查看比较效果。

表4-2

	A	B	C	D	E	F	G	H
1	工号	姓名	性别	出生年月	基本工资			
2	1001	张永利	男	1965-6-12	100			
3	1002	王锋	男	1975-7-26	200			
4	1003	赵海涛	男	1968-6-25	300			
5	1004	王俊峰	男	1977-8-5	400			
6	1005	赵勇	男	1966-5-19	500			
7	1006	王思琪	女	1982-11-9	600			
8	1007	常新丽	女	1983-6-15	700			
9	1008	李兰	女	1984-12-1	800			
10	1009	杨思敏	女	1986-9-22	900			

7）单击单元格 D1，输入"出生年月"，按 <↓> 键，依次输入如表4-2中D列所示数据。

8）单击单元格 E1，输入"基本工资"，按 <↓> 键，输入"100"。

9）选中单元格 E1，选择菜单栏中的"编辑"→"填充"→"序列"命令，打开"序列"对话框，如图4-3所示。

10）选择"列"和"等差序列"项，设置"步长值"为"100"，"终止值"为"900"，单击"确定"按钮，效果见表4-2中E列。

图4-3

11）单击单元格 A1，选择菜单栏中的"插入"→"列"命令，插入一列。

12）单击单元格 A1，输入"编号"，选择 A10，输入"'9"，再按住 < Ctrl > 键，用鼠标按住单元格的右下角填充柄拖动至 A2，填充文本，效果见表 4 - 3。

表 4 - 3

	A	B	C	D	E	F	G	H
1	编号	工号	姓名	性别	出生年月	基本工资	绩效工资	
2	1	1001	张永利	男	1965 – 6 – 12	100	100	
3	2	1002	王锋	男	1975 – 7 – 26	200	200	
4	3	1003	赵海涛	男	1968 – 6 – 25	300	300	
5	4	1004	王俊峰	男	1977 – 8 – 5	400	400	
6	5	1005	赵勇	男	1966 – 5 – 19	500	500	
7	6	1006	王思琪	女	1982 – 11 – 9	600	600	
8	7	1007	常新丽	女	1983 – 6 – 15	700	700	
9	8	1008	李兰	女	1984 – 12 – 1	800	800	
10	9	1009	杨思敏	女	1986 – 9 – 22	900	900	

13）单击单元格 G1，输入"绩效工资"。选择单元格 F2，菜单栏中的选择"编辑"→"复制"命令，再选中 G2 单元格，选择菜单栏中的"编辑"→"粘贴"命令，复制数据。

14）选择单元格 F2，按住鼠标左键向下拖动至 F10，按下 < Ctrl + C > 组合键。再选择单元格 G2，按住鼠标左键向下拖动至 G10，按下 < Ctrl + V > 组合键，复制单元格，如表 4 - 3 中 G 列所示。

15）选择单元格 G2，修改数据为"826.5"。

16）选择单元格 G3，按 < Delete > 键，删除单元格内数据。

17）单击列标"F"选择该列，单击鼠标右键，在弹出的快捷菜单中选择"复制"命令，再单击列标"H"选择该列，单击鼠标右键，在弹出的菜单中选择"粘贴"命令，粘贴整列数据。

18）选择单元格 E1，单击鼠标右键，在弹出的快捷菜单中选择"插入"命令，打开"插入"对话框。选择"活动单元格下移"项，插入单元格，查看变化。

19）选择单元格 E1，单击鼠标右键，在弹出的快捷菜单中选择"删除"命令，打开"删除"对话框。选择"活动单元格上移"项，删除单元格，查看变化。

20）选定连续单元格区域 A5:E5，选择菜单栏中的"编辑"→"复制"命令，再选定 A11 单元格，菜单栏中的选择"编辑"→"粘贴"命令，粘贴数据。

21）单击行号"11"选择该行，单击鼠标右键，在弹出的快捷菜单中选择"清除内容"命令，删除该行数据。

2. 使用查找和替换

1）选择菜单栏中的"编辑"→"查找"命令，打开"查找和替换"对话框。设置查找内容为"男"，如图 4 - 4 所示。单击"查找全部"按钮，查找数据，观察查找结果。

2）选择菜单栏中的"编辑"→"替换"命令，打开"查找和替换"对话框。设置查找内容为"900"，替换内容为"1000"，如图 4 - 5 所示。单击"全部替换"按钮，替换数据，查看替换结果。

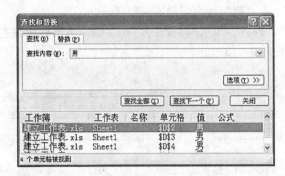

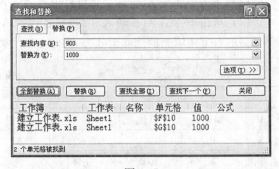

图 4 - 4　　　　　　　　　　　　　　　　　图 4 - 5

3）选中单元格 D6 的数据，将鼠标移至选择边框待出现移动光标后，按住鼠标左键拖动到单元格 D7 上释放鼠标，在弹出的如图 4 - 6 所示的对话框中选择"确定"按钮，移动并替换内容。

4）单击行号"3"，按住鼠标左键并拖动至行号"5"，选择 3 行数据。选择菜单栏中的"插入"→"行"命令，即可插入 3 行。

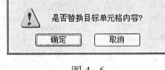

图 4 - 6

5）保存文档。

任务 4.2　工作表的管理和格式化

任务目标

1）掌握工作表的基本操作方法。

2）熟练掌握工作表数据的格式化操作与技巧。

3）了解窗口的拆分和冻结用途。

4.2.1　相关知识

1. 选定工作表

单击工作表的标签，即可选定该工作表。

单击第一张工作表的标签，然后按住 < Shift > 键单击最后一张工作表的标签，可选定连续的多张工作表。

单击第一张工作表的标签，然后按住 < Ctrl > 键分别单击其他的工作表标签，可选定不连续的多张工作表。

2. 插入新工作表

首先单击插入位置右边的工作表标签，然后选择菜单栏中的"插入"→"工作表"命令，新插入的工作表将出现在当前工作表之前。如果要添加多张工作表，首先同时选定与待添加工作表相同数目的工作表标签，然后再选择菜单栏中的"插入"→"工作表"命令即可。

3. 删除工作表

选定要删除的单张或多张工作表，然后选择菜单栏中的"编辑"→"删除工作表"命令，即可删除工作表。删除工作表后将不能用撤销操作来复原，因此 Excel 将给出确认提示。

4. 重命名工作表

双击工作表标签，输入新名称后按 < Enter > 键或用鼠标单击标签外的区域，即可重命名工作表。也可以用鼠标右键单击需要重命名的工作表标签，在弹出的快捷菜单中选择"重命名"命令，输入新的工作表名称即可。

5. 移动或复制工作表

工作表既可以在同一个工作簿内部移动或复制，也可以在不同工作簿之间移动或复制。

选中原工作表，选择菜单栏中的"编辑"→"移动或复制工作表"命令，在打开对话框中的"下列选定工作表之前"列表框中，选择要移动或复制的目标位置即可。勾选"建立副本"复选框，则表示复制而非移动工作表。

6. 拆分窗口

要同时查看工作表的不同部分，可以使用垂直分割条或水平分割条将工作表窗口水平或垂直拆分成多个窗格。水平分割条位于垂直滚动条的顶端，垂直分割条位于水平滚动条的右端。鼠标指向分割条，当指针变为分割指针后，将分割条向下或向左拖至所需的位置即可。

7. 行或列的锁定(冻结窗格)

如果希望在滚动工作表时保持或列标志或者某些数据始终可见，可以"冻结"工作表顶部的一些行或左侧的一些列。首先确定冻结的范围，有以下3种情况：

1）如果要在窗口顶部生成水平冻结窗格，则选定待冻结处下方的一行，如冻结 1~2 行，则选定第3行。

2）如果要在窗口左侧生成垂直冻结窗格，则选定待冻结处右侧的一列。

3）如果要生成顶部和左侧同时冻结的窗格，则选中待冻结处右下方的单元格。

然后选择菜单栏中的"窗口"→"冻结"命令即可。如果要撤销冻结，选择菜单栏中的"窗口"→"撤销窗口冻结"命令即可。

4.2.2 任务实现

1. 管理工作表

1）打开本模块素材文件"工作表的管理和格式化.xls"，单击窗口下方的"工作表标签"（Sheet1、Sheet2、……等），进行工作表的切换。

2）用鼠标右键单击 "Sheet1"工作表标签，在弹出的快捷菜单中选择"重命名"命令，输入新的工作表名称"工资表"。

3）用鼠标右键单击 "Sheet2"工作表标签，在弹出的快捷菜单中选择"插入"命令，打开"插入"对话框，如图 4-7 所示。

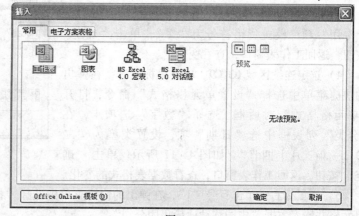

图 4-7

4）选择"常用"选项卡中的"工作表"图标，单击"确定"按钮，即可在"Sheet2"工作表标签之前插入新工作表，并自动命名。

5）用鼠标右键单击新建的工作表标签，在弹出的快捷菜单中选择"删除"命令，删除工作表。

6）用鼠标左键拖动工作表标签，移动工作表的位置。

7）用鼠标右键单击"工资表"的工作表标签，在弹出的快捷菜单中选择"移动或复制工作表"命令，打开"移动或复制工作表"对话框，如图 4-8 所示。

8）在对话框中的"工作簿"下拉列表框中选择"工作表的管理和格式化.xls"，在"下列工作表之前"列表框中选"移至最后"项，勾选"建立副本"项，单击"确定"按钮，返回主窗口查看变化。

9）再次打开"移动或复制工作表"对话框，在"工作簿"下拉列表框中选择"（新工作簿）"项，勾选"建立副本"选项，如图4-9所示。单击"确定"按钮，查看Excel窗口变化。

2. 工作表格式化

1）单击单元格D3，按下<Shift>键的同时单击单元格F9，选定连续区域D3:F9。选择菜单栏中的"格式"→"单元格"命令，打开"单元格格式"对话框，如图4-10所示。

图4-8

图4-9

图4-10

2）选择"数字"选项卡，在"分类"列表框中选"数值"项，设置"小数位数"为"1"，勾选"使用千位分隔符"项。单击"确定"按钮，返回工作表窗口，查看效果。

3）重复上述步骤，在"分类"列表框中选"会计专用"项，设置货币符号为"￥"，单击"确定"按钮，返回工作表窗口，查看变化。

4）选定连续区域C3:C9，单击鼠标右键，在弹出的快捷菜单中选择"设置单元格格式"命令，打开"单元格格式"对话框。选择"数字"选项卡，在"分类"列表框中选"日期"项，设置类型为"二〇〇一年三月十四日"，如图4-11所示。单击"确定"按钮，返回工作表窗口，查看数据表格式的变化。

图4-11

5）用鼠标右键单击行号"1"，在弹出的快捷菜单中选择"插入"命令，插入新行。选定A1单元格并输入数据"中国移动通信集团公司"。

6）选定连续区域A1:F1，选择菜单栏中的"格式"→"单元格"命令，打开"单元格格式"对话框。选择"对齐"选项卡，设置水平对齐方式为"跨列居中"，垂直对齐方式为"居中"，如图4-12所示。单击"确定"按钮，返回工作表窗口，查看效果。

7）选定连续区域A2:F2，选择菜单栏中的"格式"→"单元格"命令，再次打开"单元格格式"对话框。选择"对齐"选项卡，设置水平对齐方式为"居中"，垂直对齐方式"居中"，文本控制选择"合并单元格"，如图4-13所示。单击"确定"按钮，返回工作表窗口，查看数据表格式的变化。

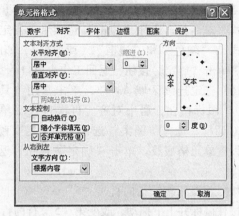

图 4 - 12 图 4 - 13

8）选定 D12 单元格并输入数据"报表制作单位"，选定 E12 单元格并输入数据"中国移动通信集团公司财务处"。

9）选定 D12 单元格，同前步骤打开"单元格格式"对话框。选择"对齐"选项卡，设置水平对齐方式为"居中"，垂直对齐方式为"居中"，文本控制选择"缩小字体填充"。单击"确定"按钮，返回工作表窗口。

10）选定 E12 单元格，同前步骤打开"单元格格式"对话框。选择"对齐"选项卡，设置水平对齐方式为"居中"，垂直对齐方式为"居中"，文本控制选择"自动换行"。单击"确定"按钮，返回工作表窗口。

11）选定单元格 A1，同前步骤打开"单元格格式"对话框。选择"字体"选项卡，设置字体为"黑体"，字号为"18"，如图 4 - 14 所示。单击"确定"按钮，返回主窗口。

12）选定单元格 A2，同前步骤打开"单元格格式"对话框。选择"字体"选项卡，设置字体为"黑体"，字号为"14"。单击"确定"按钮，返回主窗口。

13）选定连续区域 A3:F10，同前步骤打开"单元格格式"对话框。选择"字体"选项卡，设置字体为"楷体"，字形为"常规"，字号为"12"。单击"确定"按钮，返回主窗口。

14）选定连续区域 D12:E12，同前步骤打开"单元格格式"对话框。选择"字体"选项卡，设置字体为"楷体"，字形为"常规"，字号为"12"，下划线为"会计用双下划线"，颜色为"深蓝"，如图 4 - 15 所示。单击"确定"按钮，返回工作表窗口。

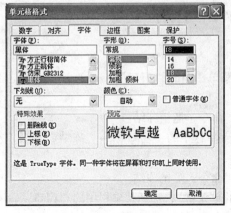

图 4 - 14 图 4 - 15

110

15）选定连续区域 A3:F10，同前步骤打开"单元格格式"对话框。选择"边框"选项卡，自定义"线条样式"、"颜色"和"边框"（或内框），如图 4 - 16 所示。单击"确定"按钮，返回工作表窗口。

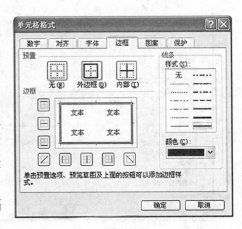

图 4 - 16

16）选定连续区域 A3:F3，单击常用工具栏中的"居中"图标按钮，居中对齐。再次打开"单元格格式"对话框，选择"图案"选项卡，自定义颜色或图案，设置单元格底纹。单击"确定"按钮，返回工作表窗口。

17）将鼠标指针指向行号"5"和"6"间的分隔线，按住鼠标并上下拖动，改变第"5"行的行高。

18）将鼠标指针指向列标"E"和"F"间的分隔线，按住鼠标并左右拖动，改变第"E"列的列宽。

19）选定第 5 行，选择菜单栏中的"格式"→"行"→"行高"命令，打开"行高"对话框，设置"行高"的值为"30"，如图 4 - 17 所示。

图 4 - 17

20）单击"确定"按钮，返回主窗口，可见第 5 行的行高被准确控制为"30"。

21）选定第 5 行，选择菜单栏中的"格式"→"行"→"最适合的行高"命令，让系统自动根据行内数据确定适合的行高。

22）选定第 E 列，选择菜单栏中的"格式"→"列"→"隐藏"命令，隐藏该列。

23）选定任意行中的 D 列和 F 列的单元格（即隐藏列左侧和右侧单元格），选择菜单栏中的"格式"→"列"→"取消隐藏"命令，撤销隐藏，显示第 E 列。

24）选定连续区域 A3:F10，选择菜单栏中的"格式"→"自动套用格式"命令，自定义格式，如图 4 - 18 所示。单击"确定"按钮，返回工作表窗口。

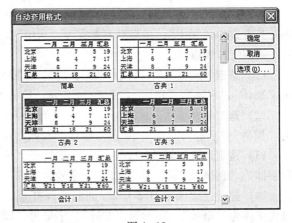

图 4 - 18

25）以"中国移动通信集团公司财务报表"为文件名保存文档。

3．视图操作

1）打开本模块素材文件"拆分与冻结．xls"。

2）选定第 2 行（即待冻结处下方的一行），选择菜单栏中的"窗口"→"冻结"命令，上下滚动数据，查看效果。

3）选择菜单栏中的"窗口"→"取消窗口冻结"命令，撤销冻结。

4）选定第 B 列（即待冻结处右侧的一列），选择菜单栏中的"窗口"→"冻结"命令，左右滚动数据，查看效果。

5）选择菜单栏中的"窗口"→"取消窗口冻结"命令，撤销冻结。

6）选定单元格 B2（即冻结行与列交叉处右下方的单元格），选择菜单栏中的"窗口"→"冻结"命令，上下左右滚动数据，查看效果。

7）选择菜单栏中的"窗口"→"取消窗口冻结"命令，撤销冻结。

8）将鼠标指向水平分割条，当指针变为分割指针后，将分割条向左拖至任意的位置，即可拆分窗口，查看窗口变化。

9）双击分割条，还原成一个窗口。

10）选择单元格 C10（即拆分条交界处右下角的单元格），选择菜单栏中的"窗口"→"拆分"命令，将工作表窗口拆分为 4 个窗格，如图 4-19 所示。

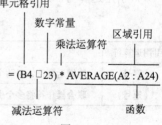

图 4-19

11）在不同窗格中滚动数据，修改数据格式，查看其他窗格的变化。

12）选择菜单栏中的"窗口"→"取消拆分"命令，还原成一个窗口。

任务4.3　数据处理

任务目标

1）了解各类型函数的功能。

2）掌握基本公式的使用方法。

3）熟练使用基本函数进行数据处理。

4）掌握排序、筛选和分类汇总的基本方法。

5）初步了解图表的制作方法和常用图表类型的修饰方式。

4.3.1　相关知识

1. 公式的结构

公式可以用来执行各种运算，使用公式可以方便而准确地分析工作表中的数据。Excel 中的公式主要由等号（＝）、操作符和运算符组成。公式以等号（＝）开始，用于表明之后的字符为公式。紧随等号之后的是需要进行计算的元素（操作数），各操作数之间以算术运算符分隔。例如公式"＝（B4－23）＊AVERAGE（A2:A24）"的解释如图 4-20 所示。

图 4-20

2. 运算符

Excel 包含 4 种类型的运算符，分别为算术运算符、比较运算符、文本运算符和引用运算符。

1）算术运算符。算术运算符用于完成基本的数学运算，其含义和示例见表 4-4。

表 4 - 4

算术运算符	含　义	示　例
+ （加号）	加	A2 + A3
- （减号）	减	B1 - 1 - C6
* （星号）	乘	C1 * 4
/ （斜杠）	除	B1/2
% （百分号）	百分比	35%
^ （插入符号）	乘方	2^7

2）比较运算符。可以使用比较运算符比较两个值，结果是一个逻辑值，为"TRUE"或"FALSE"。其中"TRUE"表示"真"，"FALSE"表示"假"。常用的比较运算符见表 4 - 5。

表 4 - 5

比较运算符	含　义	示　例
= （等号）	等于	A1 = C1
> （大于号）	大于	A1 > C1
< （小于号）	小于	A1 < C1
> = （大于等于号）	大于等于	A1 > = C1
< = （小于等于号）	小于等于	A1 < = C1
< > （不等于号）	不等于	A1 < > C1

3）文本运算符。使用符号（&）连接一个或更多字符串以产生更长的文本，其含义和示例见表 4 - 6。

表 4 - 6

文本运算符	含　义	示　例
&	将两个文本值连接起来产生一个连续的文本值	公式 = C4 &"的"& F3 &"应发工资是"& G4 的结果为"郭飞的五月份应发工资是 1280"，其中"的"和"应发工资是"表示文本，在公式中要用引号标注

4）引用运算符。用于标明工作表中的单元格或单元格区域，其含义和示例见表 4 - 7。

表 4 - 7

引用运算符	含　义	示　例
: （冒号）	区域运算符，对两个引用之间，包括两个引用在内的所有单元格进行引用	A1：A10
, （逗号）	联合操作符将多个引用合并为一个引用	SUM （A5:A9，A12）

3. 使用函数计算数值

函数是一些预定义的公式。每个函数由函数名及其参数构成，以函数名称开始，后面是左圆括号、以逗号分隔的参数和右圆括号。一般形式如下：

函数名（参数 1，参数 2，……）

例如，"= AVERAGE（F3:F12）"，其中"AVERAGE"为函数名，"F3:F12"为参数。

在单元格中输入函数的方法有以下几种：

1）直接输入函数。如果函数比较简单，可直接通过手动的方式输入，其方法与输入公式的方法相同。

2）使用工具栏。Excel的工具栏中包含了大量的工具按钮，可通过单击这些按钮来输入一些常用函数。

3）使用函数向导。对于比较复杂的函数，可以使用函数向导来输入。

4. 单元格的引用

1）A1引用样式。默认情况下，Excel使用"A1"引用样式，此样式引用字母标识列，引用数字标识行。要引用某个单元格，给定列标和行号即可。例如，"B4"引用列"B"和行"4"交叉处的单元格。

2）相对引用。相对引用中，单元格地址直接使用"列标行号"表示。当公式被复制或移动到新的位置时，公式中的单元格地址随之改变，公式的值将会依据更改后的单元格地址的值重新计算。使用相对引用能很快得到其他单元格的公式结果，在实际应用中使用较多。

3）绝对引用。绝对引用指单元格地址不随公式位置的改变而发生变化，即不论公式处在什么位置，公式中所引用的单元格的位置都是其在工作表中的确切位置。绝对引用的方法是在每一个列标及行号前加一个"$"符号，如"$A$1"。

4）混合引用。混合引用指单元格地址有一部分是相对引用，另一部分则是绝对引用。如果公式所在单元格的位置改变，则相对引用改变，而绝对引用保持不变。例如，"$B2"和"B$2"。

5）相对引用与绝对引用之间的转换。如果创建了一个公式并希望将相对引用更改为绝对引用，或者将绝对引用更改为相对引用，可以选定包含该公式的单元格，在编辑栏中拖拉鼠标选中要更改的引用，按<F4>键。每次按<F4>键时，Excel按以下组合顺序进行切换：

相对列与相对行→绝对列与绝对行→相对列与绝对行→绝对列与相对行→相对列与相对行

例如，"B3"的切换顺序为："B3"→"$B$3"→"B$3"→"$B3"→"B3"。

5. 数据清单

数据清单是由行和列构成的一系列工作表数据行，与数据库相似，每行表示一条记录，每列代表一个字段。

数据清单的第一行必须是文本型数据，也即相应列的名称（列标志）。在列标志所在行的下面是一片连续的数据区域，每一列包含相同类型的数据。在对数据清单执行查询和排序等操作时，Excel会自动将数据清单视作数据库处理。创建数据清单应注意以下几点：

1）一个数据清单最好占用一个工作表，每一列包含相同类型的数据，不要出现空行和空列。

2）列标志使用的字体、对齐方式、格式、图案、边框或大小写样式，应当和数据清单中其他数据的格式相区别。

3）不要使用空白行将列标志和第一行数据分开，在单元格的开始处不要插入多余的空格，避免多余的空格影响排序和查找。

6. 筛选

筛选是根据给定的条件，从数据清单中找出并显示满足条件的记录，不满足条件的记录将被隐藏。

7. 分类汇总

分类汇总指将数据清单中的数据分门别类地进行统计处理。Excel会自动对各类别的数据进行求和、求平均等多种计算，并且把汇总的结果以"分类汇总"和"总计"显示出来。在Excel

2003 中分类汇总主要包括求和、平均值、最大值和最小值等。使用分类汇总前，数据清单中必须包含带有标题的列，并且必须先对要分类汇总的列进行排序。

8. 数据透视表

数据透视表是分类汇总的延伸，是进一步的分类汇总。一般的分类汇总只能针对一个字段进行，而数据透视表是一种对大量数据快速汇总和建立交叉列表的交互式表格。它不仅可以转换行和列以查看源数据的不同汇总结果，也可以显示不同页面以筛选数据，还可以根据需要显示区域中的细节数据，并且汇总前不用预先排序。

9. 图表

图表具有较好的视觉效果，可方便用户查看数据的差异和预测趋势。例如，不必分析工作表中的多个数据列就可以立即看到各个季度销售额的升降，或很方便地对实际销售额与销售计划进行比较。

图表是与生成它的工作表数据相链接的，因此，工作表数据发生变化时，图表也将自动更新。图表分为嵌入式图表和图表工作表两类。嵌入式图表可将图表看做是一个图形对象，而图表工作表是工作簿中具有名称的独立工作表。当要与工作表数据一起显示或者打印时，可以使用嵌入式图表。当要独立于工作表数据查看或编辑大而复杂的图表，或希望节省工作表的屏幕空间时，可以使用图表工作表。

10. 常用的图表类型

1）柱形图。柱形图用于显示一段时间内的数据变化或说明项目之间的比较结果。通过水平组织分类、垂直组织值可以强调说明一段时间内的变化情况。

2）饼图。饼图是用圆形及圆内扇形的面积来表示数值大小的图形，显示了构成数据系列的项目相对于项目总和的比例大小，主要用于表示总体中各组成部分所占的比例。

3）条形图。条形图用宽度相同的条形的高度或长短来表示数据变动的图形，纵轴表示分类，横轴表示值。它主要强调各个值之间的比较而并不太关心时间。

4）面积图。面积图显示一段时间内变动的幅值。由于也显示了绘制值的总和，因此面积图可以显示部分相对于整体的关系，既能看到单独各部分的变动，同时也看到总体的变化。

4.3.2 任务实现

1. 使用公式与函数

1）打开本模块素材文件"数据处理.xls"。单击"综合函数应用"工作表标签，选定 G4 单元格。在菜单栏中选择"插入"→"函数"命令，打开"插入函数"对话框，如图 4-21 所示。

2）在"选择函数"列表框中选择求和函数"SUM"，单击"确定"按钮。

3）在弹出的"函数参数"对话框中单击"Number1"参数设置框右侧的参数选择按钮，在表格中选择连续区域 B4:F4。再次单击"Number1"参数设置框右侧的参数选择按钮还原对话框，如图 4-22 所示。单击"确定"按钮，返回当前工作表窗口。

4）选定 H4 单元格，选择菜单栏中的"插入"→"函数"命令。

5）在弹出的"插入函数"对话框中，选择函数"IF"，单击"确定"按钮，打开"函数参数"对话框，如图 4-23 所示。

图 4-21

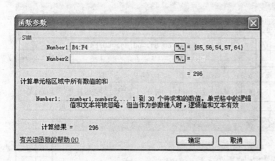

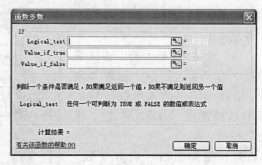

图 4 - 22   图 4 - 23

6）单击 "Logical_test" 参数输入文本框，在工具栏的函数下拉列表框中选择 "AND" 函数，如图 4 - 24 所示。

7）在弹出的 "函数参数" 对话框中，分别在 "Logical1"、 "Logical2"、 "Logical3"、 "Logical4"、"Logical5" 这 5 个参数设置框中输入 "B4 > = 60"、"C4 > = 60"、"D4 > = 60"、 "E4 > = 60" 和 "F4 > = 60"，如图 4 - 25 所示。

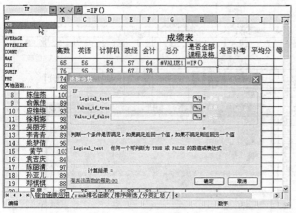

图 4 - 24   图 4 - 25

8）鼠标左键单击编辑栏的 "IF" 函数，切换到 "函数参数" 对话框，如图 4 - 26 所示

注意   不要单击 "确定" 按钮。

9）在弹出的 "函数参数" 对话框中单击 "Value_if_true" 参数设置框，输入 "是"；再单击 "Value_if_false" 参数设置框，输入 "否"，如图 4 - 26 所示。单击 "确定" 按钮，返回当前工作表窗口。

10）选定 I4 单元格，选择菜单栏中的 "插入" → "函数" 命令。在弹出的 "插入函数" 对话框中，选择函数 "IF"，单击 "确定" 按钮。

11）在弹出的 "函数参数" 对话框中，单击 "Logical_test" 参数设置框，输入 "H4 = "是""（注意要使用英文标点符号）；单击 "Value_if_true" 参数设置框，输入 "否"；单击 "Value_if_false" 参数设置框，输入 "是"。单击 "确定" 按钮，返回当前工作表窗口。

12）选定 J4 单元格，选择菜单栏中的 "插入" → "函数" 命令，在弹出的 "插入函数" 对话框中选择函数 "AVERAGE"，单击 "确定" 按钮。

13）在弹出的 "函数参数" 对话框中，单击 "Number1" 参数设置框，选择连续区域 B4:F4。

单击"确定"按钮，返回当前工作表窗口。

14）选定 K4 单元格，选择菜单栏中的"插入"→"函数"命令，在弹出的"插入函数"对话框中选择函数"IF"，单击"确定"按钮。

15）在弹出的"函数参数"对话框中，单击"Logical_test"参数设置框，输入"J4＞＝85"；单击"Value_if_true"参数设置框，输入"优秀"。

16）单击"Value_if_false"参数设置框，在工具栏的函数下拉列表框中选择"IF"函数。在弹出的"函数参数"对话框中，单击"Logical_test"参数对话框，输入"J4＞＝75"；单击"Value_if_true"参数设置框，输入"良好"，如图 4-27 所示。

17）单击"Value_if_false"参数设置框，在工具栏的函数下拉列表框中选择"IF"函数。在弹出的"函数参数"对话框中，单击"Logical_test"参数设置框，输入"J4＞＝60"；单击"Value_if_true"参数设置框，输入"及格"；单击"Value_if_false"参数设置框，输入"不及格"。单击"确定"按钮，返回当前工作表窗口。

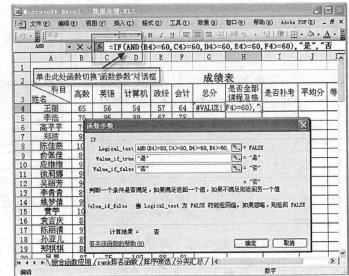

图 4-26

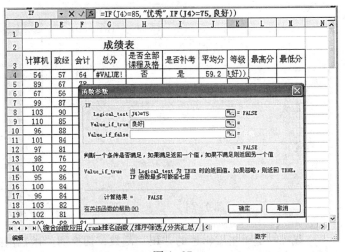

图 4-27

18）选定 L4 单元格，选择菜单栏中的"插入"→"函数"命令，在弹出的"插入函数"对话框中选择函数"MAX"，单击"确定"按钮。

19）在弹出的"函数参数"对话框中，单击"Number1"参数设置框，选择连续区域"B4:F4"，如图 4-28 所示。单击"确定"按钮，返回当前工作表窗口。

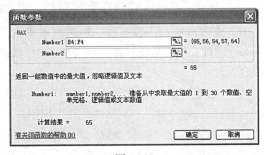

图 4-28

20）选定 M4 单元格，选择菜单栏中的"插入"→"函数"命令。在弹出的"插入函数"对话框中选择函数"MIN"，单击"确定"按钮。

21）在弹出的"函数参数"对话框中，单击"Number1"参数设置框，选择连续区域 B4:F4。单击"确定"按钮，返回当前工作表窗口。

22）选定连续区域 G4:M4，将鼠标放在 M4 单元格的右下角，当指针变成黑色十字时，按下鼠标左键往下拖动到第 100 行，使用填充柄完成公式的复制，如图 4 - 29 所示。

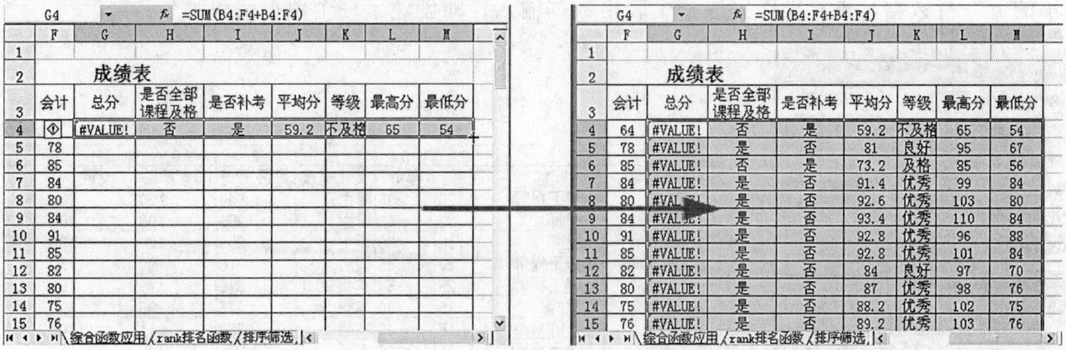

图 4 - 29

23）单击 N3 单元格，输入"排名"。

24）选定 N4 单元格，选择菜单栏中的"插入"→"函数"命令，在弹出的"插入函数"对话框中选择函数"RANK"，单击"确定"按钮。

25）在弹出的"函数参数"对话框中，单击"Number1"参数设置框，输入"J4"；单击"Ref"参数设置框，输入"$J$4：$J$100"；单击"Order"参数设置框，输入"0"，如图 4 - 30 所示。单击"确定"按钮，返回当前工作表窗口。

图 4 - 30

26）选定 N4 单元格，将鼠标放在单元格的右下角，当指针变成黑色十字时，按下鼠标左键往下拖动到第 100 行，使用填充柄完成公式的复制，查看数据填充结果并保存文档。

2. 创建数据清单

1）新建空白工作簿，在工作表的首行依次输入"姓名"、"职称"、"工龄"、"年龄"、"文化程度"、"等级工资"、"国家津贴"、"交通"，设置对齐方式为"水平居中"，如图 4 - 31 所示。

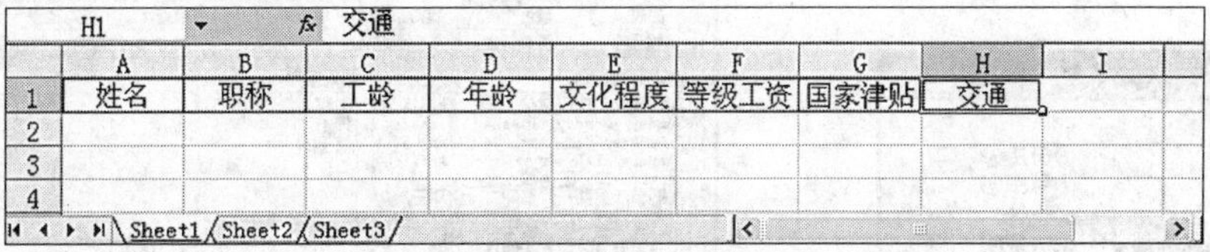

	A	B	C	D	E	F	G	H	I
1	姓名	职称	工龄	年龄	文化程度	等级工资	国家津贴	交通	
2									
3									
4									

图 4 - 31

2）选择连续区域 A1:H1，选择菜单栏中的"数据"→"记录单"命令，打开的如图 4 - 32 所示提示框，单击"确定"按钮。

图 4 - 32

3）在打开的"Sheet1"对话框中输入各字段值，如图4-33所示。

4）输入完成后，单击"新建"按钮，输入的数据自动添加到工作表中。继续输入如图4-34所示的下一行数据。重复操作完成整个表格数据输入，即创建了一个数据清单。

	A	B	C	D	E	F	G	H	I
1	姓名	职称	工龄	年龄	文化程度	等级工资	国家津贴	交通	
2	袁路	助理工程师	20	45	博士	444	190	80	
3	吕萧	工程师	32	61	博士	259	108	30	
4	李天勇	工程师	18	39	硕士	259	120	50	
5	王亚妮	高级工程师	20	45	硕士	210	90	15	
6	马小勤	助理工程师	25	54	本科	379	179	15	
7	赵全勇	工程师	15	40	本科	276	95	30	
8	邹涛	工程师	15	47	本科	259	111	30	
9	孙天一	高级工程师	25	48	本科	299	120	15	
10	邱大同	高级工程师	10	38	本科	269	90	15	
11									

图4-33   图4-34

💥 提示　　直接键入数据至列标签下的单元格内也可以创建数据清单。

3. 排序与筛选

1）打开本模块素材文件"排序筛选.xls"，采用"移动或复制工作表"命令复制一副本。单击工资统计表内任意单元格，选择菜单栏中的"数据"→"排序"命令，在弹出的"排序"对话框中的"主要关键字"下拉列表框中选择"等级工资"，选择"降序"；在"次要关键字"下拉列表框中选择"国家津贴"，选择"降序"，如图4-35所示。单击"确定"按钮，返回当前工作表窗口，和副本比较，查看变化。

2）选择菜单栏中的"工具"→"选项"命令，打开"选项"对话框。选择"自定义序列"选项卡，在"输入序列"文本框中输入文化程度序列"本科，硕士，博士"，单击"添加"按钮，将文化程度序列添加到自定义序列当中，如图4-36所示，单击"确定"按钮。

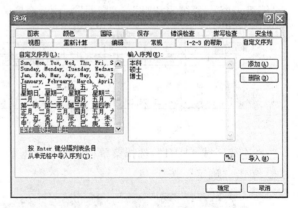

图4-35   图4-36

3）单击任意单元格，在菜单栏中选择"数据"→"排序"命令。在弹出的"排序"对话框中，在"主关键字"下拉列表框中，选择"文化程度"，选择"降序"选项。

4）单击"选项"按钮，将打开"排序选项"对话框。在"自定义排序次序"下拉列表框中选择"本科，硕士，博士"项，如图4-37所示。单击"确定"按钮，返回"排序"对话框。

5）单击"确定"按钮关闭"排序"对话框，返回工作表窗口，查看排序结果。

6）单击工资统计表内任意单元格，选择菜单栏中的"数据"→"筛选"→"自动筛选"命令。

7）单击"等级工资"单元格内的按钮，在下拉列表中选择"自定义"项，如图4-38所示，打开"自定义自动筛选方式"对话框。

图4-37

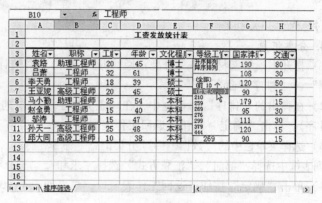

图4-38

8）在"等级工资"下拉列表框中设置"大于"和"300"，如图3-39所示。单击"确定"按钮，返回工作表窗口。

9）同上方法分别设置"国家津贴"大于100和"交通"小于20。在工作表窗口查看数据变化，检查是否筛选出工资表内等级工资大于300、国家津贴大于100、交通小于20的所有数据。

图4-39

10）再次选择菜单栏中的"数据"→"筛选"→"自动筛选"命令，取消"自动筛选"。

11）在B14:D17连续区域中输入如图4-40所示条件，建立高级筛选条件区域。

12）单击工资统计表内任意单元格，选择菜单栏中的"数据"→"筛选"→"高级筛选"命令，打开"高级筛选"对话框，如图4-41所示。

	姓名	职称	工龄	年龄	文化程度	等级工资	国家津贴	交通	
3	姓名	职称	工龄	年龄	文化程度	等级工资	国家津贴	交通	
4	袁路	助理工程师	20	45	博士	444	190	80	
5	吕萧	工程师	32	61	博士	259	108	30	
6	李天勇	工程师	18	39	硕士	259	120	50	
7	王亚妮	高级工程师	20	45	硕士	210	90	15	
8	马小勤	助理工程师	25	54	本科	379	179	15	
9	赵全勇	工程师	15	40	本科	276	95	30	
10	邹涛	工程师	15	47	本科	259	111	30	
11	孙天一	高级工程师	25	48	本科	299	120	15	
12	邱大同	高级工程师	10	38	本科	269	90	15	
13									
14		职称	年龄	文化程度					
15		工程师	>40						
16		高级工程师	>40						
17				硕士					
18									

图4-40

图4-41

13）选择“在原有区域显示筛选结果”项，单击“列表区域”参数设置框，输入地址“$A$3:$H$12”；单击“条件区域”参数设置框，输入地址“$B$14:$D$17”。单击“确定”按钮，返回工作表窗口，查看筛选结果。

注意 分析筛选结果，查看是否筛选出工资表中“职称高于或等于工程师”且“年龄大于40”或“文化程度等于硕士”的所有数据。

14）保存并关闭文档。

4. 分类汇总

1）打开本模块素材文件“分类汇总.xls”，单击工资统计表内任意单元格，选择菜单栏中的“数据”→“排序”命令。

2）在弹出的“排序”对话框中，在“主关键字”下拉列表框中选择“部门”，选择“降序”（或升序）。单击“确定”按钮，返回工作表窗口。

3）选择菜单栏中的“数据”→“分类汇总”命令，打开“分类汇总”对话框。在“分类字段”下拉列表框中选择“部门”，“汇总方式”选择“求和”，“汇总项”选择“金额”，如图4-42所示。

4）单击“确定”按钮，返回工作表窗口，结果如图4-43所示。

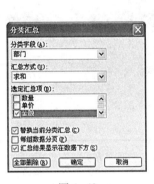

图4-42

	A	B	C	D	E
1	办公用品清单				
2	时间	部门	数量	单价	金额
3	7月10日	销售部	18	¥3	¥54
4	7月11日	销售部	45	¥6	¥270
5		销售部 汇总			¥324
6	7月4日	生产部	8	¥2	¥16
7	7月5日	生产部	78	¥8	¥624
8	7月10日	生产部	80	¥5	¥400
9		生产部 汇总			¥1,040
10	7月1日	财务部	20	¥15	¥300
11	7月7日	财务部	30	¥3	¥60
12	7月1日	财务部	102	¥11	¥1,122
13		财务部 汇总			¥1,482
14	7月2日	办公室	11	¥3	¥33
15	7月3日	办公室	29	¥10	¥60
16	7月1日	办公室	37	¥10	¥370
17		办公室 汇总			¥463
18		总计			¥3,309
19					

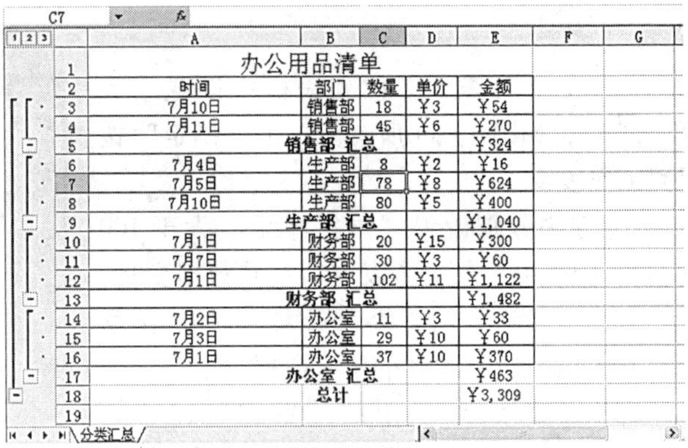

图4-43

5. 创建数据透视表

1）打开本模块素材文件“数据透视表.xls”，选中数据清单中的任意一个单元格。

2）选择菜单栏中的“数据”→“数据透视表和图表报告”命令，打开“数据透视表和数据透视图向导”对话框，如图4-44所示。

图4-44

3）选择“所需创建的报表类型”为“数据透视表”，单击“下一步”按钮。

4）在向导的步骤2中，输入或选定要建立数据透视表的数据区域“Sheet1！$A$1:$F$10”，如图4-45所示，然后单击“下一步”按钮。

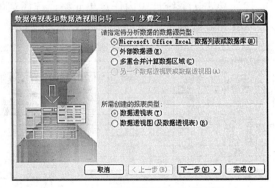

5）在向导的步骤3中，选择“现有工作表”项，输入或用鼠标在原工作表中拖拉数据透视表要显示的位置“Sheet1！$A$14”，如图4-46所示。

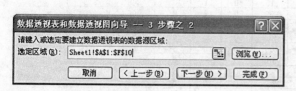

图 4-45

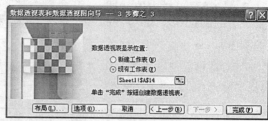

图 4-46

6）单击"布局"按钮，打开"布局"对话框。拖拽右边的"性别"字段到"页"区域中，拖拽"部门"字段到"行"区域中，拖拽"职称"字段到"列"区域中，拖拽"津贴"字段到"数据"区域中，如图 4-47 所示。

7）单击"确定"按钮，返回到向导的步骤 3 中，再单击"完成"按钮。最后结果如图 4-48 所示。

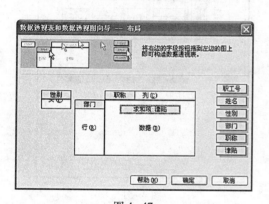

图 4-47

	A	B	C	D	E	F
1	职工号	姓名	性别	部门	职称	津贴
2	2011	李默	男	信息技术部	助理工	800
3	2012	王明路	男	工程技术部	工程师	1000
4	2013	李天勇	男	电子技术部	工程师	1000
5	2014	孙天宇	男	工程技术部	高级工	1200
6	2015	马小勤	女	信息技术部	助理工	800
7	2016	赵秀芬	女	电子技术部	高级工	1200
8	2017	朱兰妮	女	信息技术部	工程师	1000
9	2018	刘刚	男	信息技术部	高级工	1200
10	2019	朱丽	女	工程技术部	助理工	800
11						
12	性别	（全部）				
13						
14	求和项:津贴	职称				
15	部门	高级工程师	工程师	助理工程师	总计	
16	电子技术部	1200	1000		2200	
17	工程技术部	1200	1000	800	3000	
18	信息技术部	1200	1000	1600	3800	
19	总计	3600	3000	2400	9000	
20						
21						

图 4-48

提示　　分析数据可发现：拖动到"行"中的字段变成了行标题；拖动到"列"中的字段变成了列标题；拖动到"数据"中的字段相当于选择了"分类汇总"命令；拖动到"页"中的字段相当于选择了"自动筛选"命令。

8）保存文档。

9）改变条件进行筛选，查看效果。

10）借助于"数据透视表"工具栏，自行对数据透视表进行编辑修改。

11）单击数据透视表报表，在"数据透视表"工具栏上选择"数据透视表"→"选定"→"整张表格"命令，接着再选择菜单栏中的"编辑"→"清除"→"全部"命令，删除数据透视表报表，关闭文档。

6. 制作柱形图

1）打开本模块素材文件"图表.xls"，单击"工资表"工作表，选择生成图表的数据区域 A1:A10，再按住 <Ctrl> 键，再选中 G1:H10 连续区域，如图 4-49 所示。

2）选择菜单栏中的"插入"→"图表"命令，打开"图表向导－4步骤之1－图表类型"对话框。"图表类型"选择"柱形图"，"子图表类型"选择"簇状柱形图"，如图4-50所示。

	A	B	C	D	E	F	G	H	I
1	姓名	基本工资	奖金	津贴	房租	水电费	应发工资	实发工资	
2	刘明雨	683	115	50	11	6	848	831	
3	张丽	751	195	50	18	8	996	970	
4	孙超勇	446	62	50	8	4	558	546	
5	王伟	390	81	50	8	4	521	509	
6	谢保真	886	104	50	10	5	1039	1024	
7	刘飞云	521	60	50	6	3	631	622	
8	王大成	646	98	50	10	5	794	779	
9	赵红娜	469	78	50	10	4	596	582	
10	沈慧慧	430	63	50	8	4	543	531	
11									
12									

图4-49

3）单击"下一步"按钮，在弹出的"图表向导－4步骤之2－图表源数据"对话框中，选择图表的数据系列，由于在创建图表之初已选定数据区域，所以在此显示已选定的数据区域，如图4-51所示。

图4-50

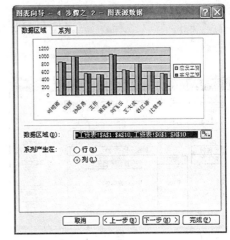

图4-51

4）单击"下一步"按钮，在弹出的"图表向导－4步骤之3－图表选项"对话框中，选择"标题"选项卡。在"图表标题"文本框中输入"职工工资对照表"，"分类（X）轴"文本框中输入"姓名"，"数轴（Y）轴"文本框中输入"金额"，如图4-52所示。

5）单击"下一步"按钮，在弹出的"图表向导－4步骤之4－图表位置"对话框中，选择"作为其中的对象插入"项，工作表选择"工资表"，如图4-53所示。单击"完成"按钮，返回工作表窗口。

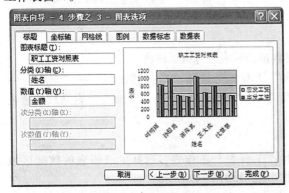

图4-52

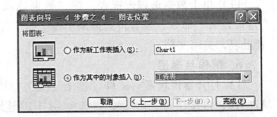

图4-53

6) 拖动调整控制点将图表拉伸到合理大小，如图4-54所示。

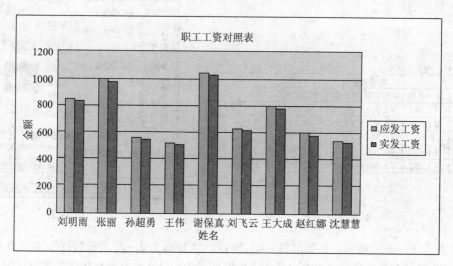

图 4-54

7) 单击图表下方的分类轴，再单击"图表"工具栏中的"逆时针斜排"图标按钮，斜排文字，如图4-55所示。

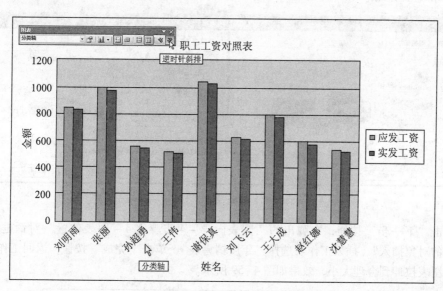

图 4-55

7. 制作饼形图

1) 单击"年度销售表"工作表，选择生成图表的数据区域A3:A7，再按住 < Ctrl > 键，同时选择F3:F7连续区域，如图4-56所示。

2) 单击常用工具栏中的"图表向导"按钮，打开"图表向导-4步骤之1-图表类型"对话框，选择"分离型三维饼图"类型，如图4-57所示。

图 4-56   图 4-57

3）单击"下一步"按钮，在弹出的"图表向导 – 4 步骤之 2 – 图表源数据"对话框中，选择图表的数据系列，由于在创建图表之初已选定数据区域，所以在此显示已选定的数据区域。

4）单击"下一步"按钮，在弹出的"图表向导 – 4 步骤之 3 – 图表选项"对话框中，选择"标题"选项卡。在"图表标题"文本框中输入"销售业绩图表"。再选择"数据标志"选项卡，勾选"值"和"百分比"项，如图 4-58 所示。

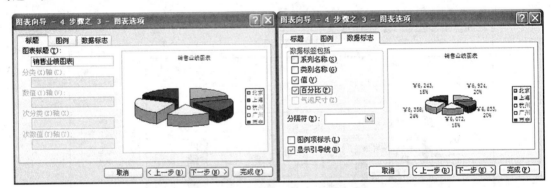

图 4-58

5）单击"下一步"按钮，在弹出的"图表向导 – 4 步骤之 4 – 图表位置"对话框中，选择"作为其中的对象插入"，插入工作表选择"年度销售表"，单击"完成"按钮，返回工作表窗口。

6）将图表拉伸到合理大小，效果如图 4-59 所示。

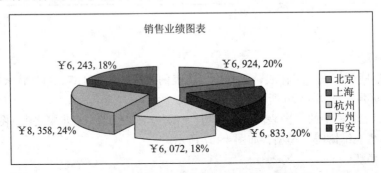

图 4-59

8. 格式化与修改图表

1）单击"图表"工具栏中的"图表对象"下拉列表，选择"绘图区"项，如图 4 - 60 所示。

2）单击"对象格式"按钮，打开"绘图区格式"对话框，如图 4 - 61 所示。自定义设置不同图案，查看效果。

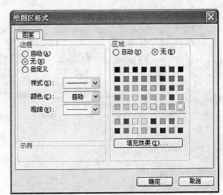

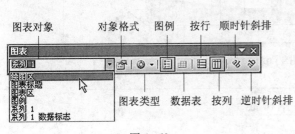

图 4 - 60

图 4 - 61

3）单击"图表"工具栏中的"图表对象"下拉列表，选择"图表标题"项。单击"对象格式"按钮，打开"图表标题格式"对话框，如图 4 - 62 所示。自定义设置不同的"图案"、"字体"和"对齐"格式，查看效果。

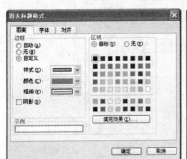

图 4 - 62

4）单击"图表"工具栏中的"图表对象"下拉列表，选择"图表区"项。单击"对象格式"按钮，打开"图表区格式"对话框，自行设置不同的"图案"、"字体"和"属性"格式，查看效果。

5）参照上述方法分别设置"图表对象"下拉列表中的其他对象属性，查看效果。

6）单击"图表类型"按钮右侧的下拉箭头，在弹出的图表类型列表中选择"三维柱状图"，更改图表类型，如图 4 - 63 所示。分别更改为其他不同类型，查看效果。

7）选择菜单栏中的"图表"→"图表类型"命令，打开"图表类型"对话框，尝试更改"图表类型"为其他不同类型。

8）选择菜单栏中的"图表"→"数据源"命令，打开"数据源"对话框，尝试修改"数据源"为其他不同数据内容。

9）选择菜单栏中的"图表"→"图表选项"命令，打开"图表选项"对话框，尝试修改"标题"、"坐标轴"、"网格线"、"图例"、"数据标志"和"数据表"设置。修改部分选项后的效果如图 4 - 64 所示。

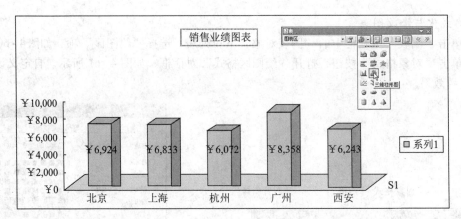

图 4 - 63

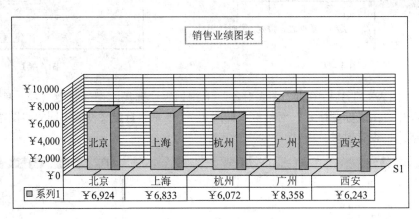

图 4 - 64

任务 4.4 文档打印

任务目标

1）熟练掌握 Excel 中页面设置的方法。

2）掌握 Excel 文档的打印方法与技巧。

4.4.1 相关知识

1. 打印公式

要想打印公式，必须首先在工作表上显示公式。可以选择菜单栏中的"工具→公式审核→公式审核模式"命令，此时，含公式的单元格显示的就是公式本身而非公式的计算结果。按正常情况打印，即可打印出含公式的工作表。

2. 批注和错误单元格

使用公式，经常会出现一些不可避免的错误值，如"#REF!"等，而默认情况下这些错误值是要打印出来的。编辑工作表过程中经常插入批注，但默认情况下批注是不会打印出来的。

选择菜单栏中的"文件"→"页面置设"命令，在"工作表"选项卡中可以进行更多的设置：

1）对于错误值，可以在"错误单元格打印为"右侧的下拉列表提供的"显示值"、"空白"、"——"、"#N/A"等几种方式中做出相应的选择。

2）对于批注，可在"批注"右侧的下拉列表中选择"如同工作表中的显示"项或"工作表末尾"项。这样，就可以在原位置打印批注或在工作表末尾集中打印批注。

注意　　打印之前，应选择菜单栏中的"视图→批注"命令，让工作表中的批注显示出来。

3. 在指定位置分页

Excel 会根据行高和列宽自动分页，但这种分页结果往往不符合用户的需要，在这种情况下，需要手动分页。

选中某行或某列，选择菜单栏中的"插入"→"分页符"命令，可以在该行的上方或该列的左侧插入分页符，使选中的行或列位于另外一页。

如果选中某单元格，选择菜单栏中的"插入"→"分页符"命令，则可以在该单元格的左上角插入分页符，相当于在该单元格所在行的上方及所在列的左侧均插入了分页符。

要删除分页符，需选中分页符下方的行或右侧的列或右下角的单元格，然后选择菜单栏中的"插入"→"删除分页符"命令。

4. 按纸张宽度或页数打印

选择菜单栏中的"文件"→"页面设置"命令，打开"页面设置"对话框，选择"页面"选项卡。选择"调整为"项，在右侧的"页宽"输入框中输入"1"，将"页高"输入框中的数字删除，工作表即可按所选定纸张宽度打印。如果要同时指定打印的页数，可在"页高"输入框内输入页数。

5. 同时对多个工作表进行设置

一个工作簿中往往有多个工作表，而在打印时往往这些工作表的设置又基本相同。如果逐份设置工作表，效率较低。可以先单击第一张工作表的标签，然后按住 < Ctrl > 键单击其他工作表的标签，将这些工作表同时选中，然后再进行相应的页面设置。

如果这些工作表是相邻的，可以单击第一份工作表标签后，再按住 < Shift > 键，单击最后一份工作表标签，将它们之间的工作表同时选中。

6. 打印多个工作簿

要想同时打印多个工作簿，需要单击"常规"工具栏中的"打开"图标按钮，在"打开"对话框中，按住 < Ctrl > 键，选择多个工作簿，然后选择对话框中"工具"菜单中的"打印"命令，如图 4 - 65 所示，即可将选中工作簿的当前工作表中的内容打印出来。

图 4 - 65

4.4.2　任务实现

1. 设置页面

1）打开本模块素材文件"录取名单 . xls"，进入"录取名单"工作表。选择菜单栏中的"文件"→"页面设置"命令，打开"页面设置"对话框，选择"页面"选项卡，如图 4 - 66 所示。

2）设置纸张的方向、缩放比例、纸张大小、打印质量和起始页码。

2. 设置页边距

选择"页边距"选项卡，如图4-67所示。分别设置4个边界距离、页眉和页脚的上下边距、居中方式等。

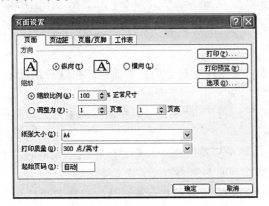

图4-66　　　　　　　　　　　　　　　　图4-67

3. 设置页眉和页脚

1）选择"页眉/页脚"选项卡，单击"自定义页眉"按钮，打开"页眉"对话框。在相应位置插入文本或图形，并设定对齐方式、字体、页码、页数、时间和日期等，如图4-68所示。

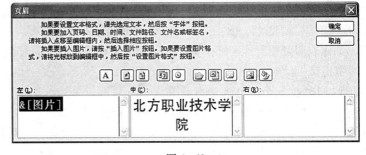

图4-68

2）在"页眉/页脚"选项卡中单击"自定义页脚"按钮，打开"页脚"对话框。在页脚下拉列表中选择预设的页脚样式，如图4-69所示。单击"确定"按钮，关闭对话框。

4. 设置工作表

1）选择"工作表"选项卡，单击"顶端标题行"设置框，输入或选择"$1:$2"，如图4-70所示。

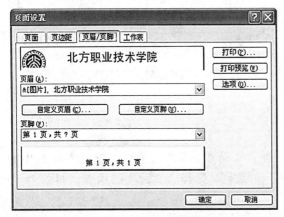

图4-69

图4-70

2）单击"打印预览"按钮，打开"打印预览"窗口，查看打印效果。

3）关闭"打印预览"窗口，返回工作表窗口，选中"＄17"行，选择菜单栏中的"插入"→"分页符"命令，插入水平分页符。选中"＄51"行，插入水平分页符。

4）选择菜单栏中的"文件"→"打印预览"命令，打开"打印预览"窗口，查看打印效果。

5）关闭"打印预览"窗口，返回工作表窗口。

5. 打印

1）选择菜单栏中的"文件"→"打印"命令，打开"打印内容"对话框，在"名称"下拉列表中选择已安装的打印机名称。如果需要打印全部的页面则在"打印范围"选项栏中选"全部"项，如果需要打印部分页面则选"页"项并设置打印的范围（如打印第 2 页至第 3 页，则设置打印范围为从"2"到"3"。如果只打印第 3 页，则设置打印范围为从"3"到"3"），如图 4-71 所示。

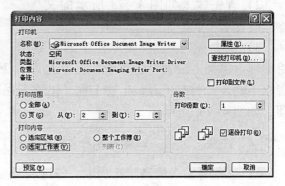

图 4-71

2）勾选"打印到文件"项，单击"确定"按钮开始按照设定打印当前工作表的页面到文件。

6. 打印工作表部分选定的内容

进入"录取名单"工作表，选定连续区域 A2:F16。选择菜单栏中的"文件"→"打印"命令，在弹出的"打印内容"对话框中"名称"下拉列表中选择已安装的打印机名称。选择打印内容为"选定区域"，如图 4-72 所示。单击"确定"按钮，即可打印当前工作表的选定内容。

7. 打印整个工作簿的页面

选择菜单栏中的"文件"→"打印"命令，在弹出的"打印内容"对话框中的"名称"下拉列表中选择已安装的打印机名称，

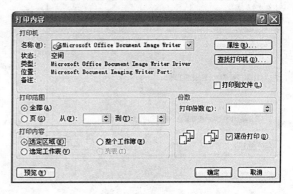

图 4-72

选择打印内容为"整个工作簿"，即可打印整个工作簿的页面。

8. 同一工作表内数据和图表分开打印

1）选择"费用表"工作表，用鼠标右键单击图表，在弹出的快捷菜单中选择"图表区格式"命令，在弹出的"图表区格式"对话框中选择"属性"选项卡。取消"打印对象"的勾选状态，单击"确定"按钮，返回当前工作表。

2）选中数据表格区域任意单元格，选择菜单栏中的"文件"→"打印"命令进行打印，这时只打印表格数据内容。

3）选中图表，选择菜单栏中的"文件"→"打印"命令进行打印，这时只打印图表。

技能与技巧

1. 使用有效性输入

原始数据输入的正确性是保证数据处理结果正确的前提。输入时为了防止一些不合逻辑的数据进入，可以使用 Excel 提供有效性输入方法。

1）新建 Excel 文档，以"有效性"为文件名保存。

2）首先输入如图 4 - 73 所示的文本，设置水平居中。

	A	B	C	D	E
1	学号	姓名	专业	课程	成绩
2					

图 4 - 73

3）选中 C 列，选择菜单栏中的"数据"→"有效性"命令，打开"数据有效性"对话框。选择"设置"选项卡，在"允许"下拉列表框中选择"序列"，在"来源"设置框中输入"材料工程,生物工程,化学工程"，勾选"忽略空值"和"提供下拉箭头"项，如图 4 - 74 所示。

> 💡 **注意** 注意要用英文输入状态下的逗号分隔！

4）选择"输入信息"选项卡，勾选"选定单元格时显示输入信息"项，在"输入信息"文本框中输入"请在这里选择"，如图 4 - 75 所示。

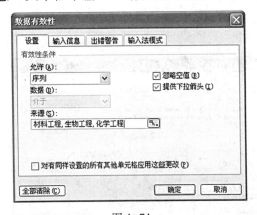

图 4 - 74

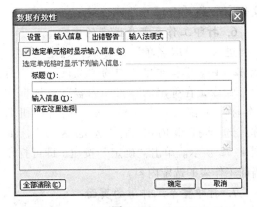

图 4 - 75

5）单击"确定"按钮，查看工作表的变化，可见在下拉菜单中选择就可以实现数据快速输入。

6）选中 E 列，选择菜单栏中的"数据"→"有效性"命令，打开"数据有效性"对话框。选择"设置"选项卡，在"允许"下拉列表框中选择"小数"，在"数据"下拉列表框中选择"介于"，在"最小值"设置框中输入"0"，在"最大值"设置框中输入"100"，如图 4 - 76 所示。单击"确定"按钮，查看工作表的变化，可以发现在 E 列只能输入"0"到"100"之间的数值。

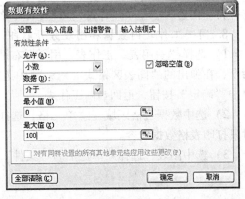

图 4 - 76

7）在工作表中输入如图 4-77 所示数据。

	A	B	C	D	E	F
1	学号	姓名	专业	课程	成绩	
2	201001101	江李星	信息工程	计算机应用基础	75	
3	201001102	黄　毅	信息工程	计算机应用基础	96	
4	201001103	王　新	信息工程	计算机应用基础	72	
5	201001104	刘明军	材料工程	计算机应用基础	55	
6	201001105	李中平	材料工程	计算机应用基础	87	
7	201001106	谭文元	材料工程	计算机应用基础	93	
8	201001107	袁冠祺	材料工程	计算机应用基础	90	
9	201001108	高渊明	材料工程	计算机应用基础	79	
10	201001109	李建辉	材料工程	计算机应用基础	66	
11						

图 4-77

2. 使用条件格式

条件格式是指当指定条件为真时，Excel 自动将格式应用于单元格（如单元格底纹或字体颜色）。如果想为某些符合条件的单元格应用某种特殊格式，使用条件格式功能比较容易实现。如果再结合使用公式，条件格式就会变得更加有用。

1）选择区域 E2:E10，选择菜单栏中的"格式"→"条件格式"命令，打开"条件格式"对话框。在"条件 1"下拉列表框中选择"单元格数值"，设置条件为"大于或等于 90"。单击"格式"按钮，在打开的"单元格格式"对话框中设置字体颜色为红色，如图 4-78 所示。

图 4-78

2）单击"添加"按钮。在"条件 2"下拉列表框中选择"单元格数值"，设置条件为"小于 60"。单击"格式"按钮，在打开的"单元格格式"对话框中设置字体颜色为蓝色，如图 4-79 所示。

图 4-79

3）单击"确定"按钮，查看工作表的变化。如果要删除条件格式，仅在含有条件格式的单元格中按 <Delete> 键，不会删除条件格式。要删除条件格式，需要选择菜单栏中的"编辑"→"清除"→"格式"命令或者"编辑"→"清除"→"全部"命令。还可以使用"条件格式"对话框，删除其中的条件。

提示

在浏览较长的 Excel 表格中的数据时，很有可能出现看错行的情况，如果能隔行填充一种颜色，就可以避免这种现象。

在打开的 Excel 文件中选中需要查看的区域，选择菜单栏中的"格式→条件格式"命令，打开"条件格式"对话框。在"条件 1"下拉列表框中选择"公式"选项，并在右侧的方框中输入公式" = MOD(ROW ( ),2) = 0"。接着单击"格式"按钮，在弹出的"单元格格式"对话框中，选择"图案"项，然后在"单元格底纹"区域的"颜色"面板中选择任一种颜色，如银白色。单击"确定"按钮，即可实现隔行换色的效果。

3. 加密 Excel 文件

如果不希望自己的 Excel 文件被别人查看，可以给它设置密码保护。

1）选择菜单栏中的"文件"→"保存或者（另存为）"命令，打开"保存或者（另存为）"对话框，输入文件名"技能与技巧"，再单击"工具"栏中的"常规选项"按钮，在打开的"保存选项"对话框中输入密码，如图 4 - 80 所示。

图 4 - 80

2）单击"确定"按钮，在弹出的"密码确认"窗口中重新输入一遍密码，单击"保存"按钮，即可完成文件的加密操作。

3）重新打开文件，验证保护功能。

4. 快速填充相同数据

1）删除区域 D2:D10 的内容，重新选中区域 D2:D10，在编辑栏输入"计算机应用基础"。

2）按住 < Ctrl > 键的同时，按 < Enter > 键，查看效果，可见刚才选中的所有单元格同时填入该数据。

3）按住 < Ctrl > 键的同时，随意在该工作表内单击，选中这些不相邻的单元格，在编辑栏输入"计算机应用基础"。

4）按住 < Ctrl > 键的同时，按 < Enter > 键，查看效果，可以发现刚才选中的所有不相邻单元格内也同时填入了该数据。

5. 使用自动更正

1）选中 C 列，选择菜单栏中的"插入"→"列"命令，插入一列。

2）输入列标"性别"，选中 C2:C10 区域，选择菜单栏中的"格式"→"单元格"命令，打开"单元格格式"对话框，在"数字"选项卡的"分类"列表框中选择"自定义"项，在"类型"文本框中输入"[=1]"男"；[=2]"女""（注意使用英文标点符号），如图 4 - 81 所示。

3）单击"确定"按钮，返回工作表窗口，在 C 列输入"1"或"2"，查看效果。

图 4 - 81

 提示

在工具菜单中选择"自动更正"，调出"自动更正"对话框。在"替换"框中输入数据，如"bfz"，在"替换为"框中输入数据，如"北方职业技术学院"，单击"添加"及"确定"按钮。这样设置后，只需在单元格中输入"bfz"，即会自动更正为"北方职业技术学院"，十分方便。

6. 使用行列转换

对于 Excel 工作表中的数据，有时需要将其进行行列转换，即将原来的列变为行，原来的行变为列。

1）选中要进行操作的单元格区域 A1:E10，选择菜单栏中的"编辑"→"复制"命令。

2）打开工作表"Sheet2"，选择 A1，即给定需要"转置"操作的目标位置。

3）选择菜单栏中的"编辑"→"选择性粘贴"命令，打开"选择性粘贴"对话框，如图 4-82 所示。

4）勾选"转置"项，单击"确定"按钮，返回当前工作表，查看结果。

7. 使用分列功能

1）选择工作表"Sheet1"，在"专业"列左侧插入一列，输入如图 4-83 所示数据。

图 4-82

图 4-83

2）在"专业"列左侧再插入一列，选择区域 D2:D10，选择菜单栏中的"数据"→"分列"命令，打开"文本分列向导 – 3 步骤之 1"对话框，勾选"固定宽度"项，如图 4-84 所示。

3）单击"下一步"按钮，打开"文本分列向导 – 3 步骤之 2"对话框，按住分列线拖动至需要分列的位置，如图 4-85 所示。

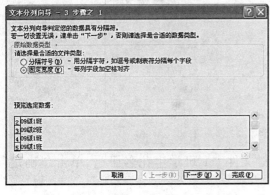

图 4-84

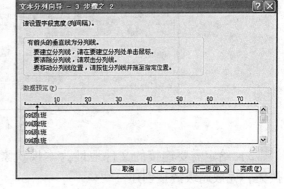

图 4-85

4）单击"下一步"按钮，打开"文本分列向导 – 3 步骤之 3"对话框，如图 4 - 86 所示。

5）采用默认设置，单击"完成"按钮，返回工作表窗口。选择单元格 E1，输入"班级"，分列效果如图 4 - 87 所示。

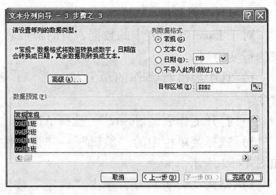

图 4 - 86

8. 使用超级链接

工作表中的图形、图片和单元格里的文本都可以创建超级链接。当鼠标指向创建了超级链接的对象时，鼠标指针会变成手形图标，只需单击超级链接就可以跳转到连接的目标位置。

	A	B	C	D	E	F	G	H	I
1	学号	姓名	性别	级别	班级	专业	课程	成绩	
2	201001101	江李星	男	09级	1班	信息工程	计算机应用基础	75	
3	201001102	黄 毅	男	09级	2班	信息工程	计算机应用基础	96	
4	201001103	王 新	女	09级	1班	信息工程	计算机应用基础	72	
5	201001104	刘明军	男	09级	1班	材料工程	计算机应用基础	55	
6	201001105	李中平	男	09级	2班	材料工程	计算机应用基础	87	
7	201001106	谭文元	男	09级	2班	材料工程	计算机应用基础	93	
8	201001107	袁冠祺	女	09级	3班	材料工程	计算机应用基础	90	
9	201001108	高渊明	男	09级	3班	材料工程	计算机应用基础	79	
10	201001109	李建辉	男	09级	3班	材料工程	计算机应用基础	66	
11									
12									

图 4 - 87

1）选定 A12 单元格，输入"1 班学生花名册"。

2）选择菜单栏中的"插入"→"超级链接"命令，或单击"常用"工具栏中的"超级链接"图标按钮，显示"插入超链接"对话框，如图 4 - 88 所示。

图 4 - 88

3）给定需要连接的文件地址为本模块素材文件"1 班学生花名册"，单击"确定"按钮，完成超级链接创建。

4）单击超级链接"1 班学生花名册"，查看效果。

综 合 训 练

1) 启动 Excel, 在 "sheet1" 工作表中, 单击选定 A1 单元格, 输入数据 "工资表"。

2) 在第 2 行从左向右依次输入数据 "序号"、"姓名"、"职称"、"年龄"、"工龄"、"基本工资"、"津贴"、"应发工资" 和 "工资排名"。

3) 单击选定 A11 单元格, 输入数据 "制表人"。单击选定 C11 单元格, 输入数据 "平均工资"。

4) 单击选定 A3 单元格, 输入数据 "'0101", 利用填充柄功能将数据填充到连续区域 A4:A9。

5) 在 B3:F9 连续区域输入图 4-89 所示数据。

	A	B	C	D	E	F	G	H	I
1	工资表								
2	序号	姓名	职称	年龄	工龄	基本工资	津贴	应发工资	工资排名
3	0101	袁青林	讲师	55	30	2200			
4	0102	马海	工人	47	22	2000			
5	0103	孙长林	讲师	32	8	1800			
6	0104	郯江风	教授	31	7	1800			
7	0105	邱为国	助教	24	1	1600			
8	0106	王亚丽	副教授	43	18	1900			
9	0107	吕鹏	工人	56	23	2500			
10									
11	制表人:		平均工资						
12									

图 4-89

6) 选定 A1:I1 连续区域, 选择菜单栏中的 "格式"→"单元格" 命令, 在弹出的 "单元格格式" 对话框中选中 "对齐" 选项卡, 设定水平对齐方式为 "跨列居中", 垂直对齐方式为 "居中"。

7) 选择 "字体" 选项卡, 设定字体为 "黑体"、字形为 "加粗"、字号为 "18"、颜色为 "红色"。

8) 选择 "图案" 选项卡, 选择底纹颜色为 "灰色", 单击 "确定" 按钮, 返回当前工作表窗口。

9) 选定 A2:I9 连续区域, 选择菜单栏中的 "格式"→"单元格" 命令, 在弹出的 "单元格格式" 对话框中选择 "数字" 选项卡, 在 "分类" 列表框中选择 "货币" 设定小数位数为 "0", 货币符号为 "¥"。

10) 选择 "对齐" 选项卡, 设定水平对齐方式为 "居中", 垂直对齐方式为 "居中"。

11) 选择 "字体" 选项卡, 设定字体为 "宋体"、字形为 "常规"、字号为 "12"。

12) 选择 "边框" 选项卡, 首先设置 "线条样式" 为 "细线", 设置 "预置" 为 "内部"。接着再次设置 "线条样式" 为 "中粗", 设置 "预置" 为 "外边框"。

13) 选择 "图案" 选项卡, 选择底纹颜色为 "灰白色", 单击 "确定" 按钮, 返回当前工作表窗口。

14) 选定 D3:E9 连续区域, 在按住 <Ctrl> 键的同时, 选中 I3:I9 连续区域, 选择菜单栏中的 "格式"→"单元格" 命令, 在弹出的 "单元格格式" 对话框中, 选择 "数字" 选项卡, 在 "分类" 列表框中选择 "货币" 设定小数位数为 "0", 如图 4-90 所示。

	A	B	C	D	E	F	G	H	I	J
1				工资表						
2	序号	姓名	职称	年龄	工龄	基本工资	津贴	应发工资	工资排名	
3	0101	袁青林	讲师	55	30	¥2,200				
4	0102	马海	工人	47	22	¥2,000				
5	0103	孙长林	讲师	32	8	¥1,800				
6	0104	郯江风	教授	31	7	¥1,800				
7	0105	邱为国	助教	24	1	¥1,600				
8	0106	王亚丽	副教授	43	18	¥1,900				
9	0107	吕鹏	工人	56	23	¥2,500				
10										
11	制表人:		平均工资							
12										

图 4-90

15) 选定 A11:D11 连续区域, 重复步骤 10)、步骤 11) 操作。

16) 单击选定 G3 单元格, 使用 "IF" 函数求出序号 "0101" 职工的津贴, 条件为如果职称为 "教授", 则津贴为 "2200"; 如果职称为 "副教授", 则津贴为 "2000"; 如果职称为 "讲师" 或者职称为"助教",则津贴为"1500";如果职称为"工人"并且年龄大于等于"50",则津贴为"1900";如果职称为"工人"并且年龄小于"50",则津贴为"1300"。

具体步骤可参考数据处理部分内容。"IF"函数的参数为｛= IF(C3 =" 教授",2200,IF(C3 =" 副教授",2000,IF(OR(C3 =" 讲师",C3 =" 助教") ,1500,IF(AND(C3 =" 工人",D3 > = 50) ,1900,1300)))) ｝。

17)单击选定 H3 单元格,插入求和函数"SUM",求出序号"0101"职工的应发工资。

提示　　　　　"应发工资" = "基本工资" + "津贴"

18)单击选定 I3 单元格,使用"Rank"函数求出序号"0101"职工应发工资在表中的排名。

19)选定 G3:I3 连续区域,使用填充柄功能将公式复制至第9行。

20)在 B11 单元格建立制表人员选择下拉列表。单击选定 B11 单元格,选择菜单栏中的"数据"→"有效性"命令,在弹出的"数据有效性"对话框中,选择"设置"选项卡,输入参数如图 4 - 91 所示。

21)单击选定 D11 单元格,使用"AVERAGE"函数求出所有职工的应发工资平均值。

22)为所有职工排序,条件为主关键字"应发工资"降序,次要关键字"工龄"降序。

23)选定 F3:F9 连续区域,选择菜单栏中的"格式"→"条件格式"命令,在弹出的"条件格式"对话框中,设置参数如图 4 - 92 所示。将"基本工资"大于"1000"小于等于"2000"的数据用加粗红色表示。

图 4 - 91

图 4 - 92

24)制作如图 4 - 93 所示柱形图表。

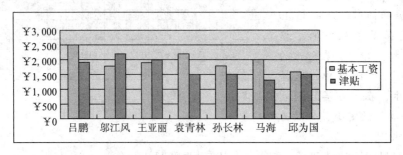

图 4 - 93

25)删除"Sheet2"和"Sheet3"工作表,改名"Sheet1"工作表为"工资统计表",完成的效果如图 4 - 94 所示。

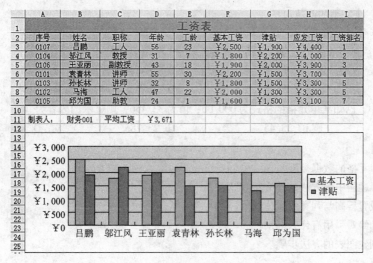

工资表

序号	姓名	职称	年龄	工龄	基本工资	津贴	应发工资	工资排名
0107	吕鹏	工人	56	23	￥2,500	￥1,900	￥4,400	1
0104	邬江风	教授	31	7	￥1,800	￥2,200	￥4,000	2
0106	王亚丽	副教授	43	18	￥1,900	￥2,000	￥3,900	3
0101	袁青林	讲师	55	30	￥2,200	￥1,500	￥3,700	4
0103	孙长林	讲师	32	8	￥1,800	￥1,500	￥3,300	5
0102	马海	工人	47	22	￥2,000	￥1,300	￥3,300	5
0105	邱为国	助教	24	1	￥1,600	￥1,500	￥3,100	7

制表人：财务001　平均工资　￥3,671

图 4-94

26）用"综合练习.xls"为文件名保存工作簿文件。

27）选择菜单栏中的"文件"→"页面设置"命令，在打开的"页面设置"对话框中的"页面"选项卡中设置页面纸张为"A4"，方向为"横排"。

28）选择菜单栏中的"文件"→"打印"命令，在打开的"打印"对话框中，选择打印机为"Microsoft Office Document Image Writer"，勾选"打印到文件"项，将文档用"MDI"文件格式打印输出并保存。

思考与练习

一、单项选择题

1. 退出 Excel 可使用组合键（　　　）。

A. < Alt + F4 >　　　　　B. < Ctrl + F4 >　　　　　C. < Alt + F5 >　　　　　D. < Ctrl + F5 >

2. 新建工作簿中预设包含几张工作表？是否可以变更预设的工作表数量？（　　　）

A. 三张，不可以变更　　　　　　　　　B. 四张，不可以变更

C. 三张，可以变更　　　　　　　　　　D. 视内存大小决定工作表数量，不可以变更

3. Excel 的文本数据包括（　　　）。

A. 汉字、短语和空格　　　B. 数字　　　　　　　C. 其他可输入字符　　　D. 以上全部

4. 要在单元格中建立公式时，开头一定要输入的字符是（　　　）。

A. "/"（除号）　　　B. "："（冒号）　　　C. "="（等号）　　　D. " "（空格）

5. 在选取行、列或单元格时，先按住（　　　）键，然后再做选取动作，可以实现加选不相邻区域。

A. < Ctrl >　　　　　B. < Shift >　　　　　C. < Alt >　　　　　D. < Space >

6. 要在同一个单元格中完成换行输入的动作，必需按下（　　　）键。

A. < Enter >　　　B. < Alt + Enter >　　　C. < Shift + Enter >　　　D. < Ctrl + Enter >

7. Excel 中，单元格地址绝对引用的方法是（　　　）。

A. 在单元格地址前加 " $ "

B. 在单元格地址后加 " $ "

C. 在构成单元格地址的字母和数字前分别加 " $ "

D. 在构成单元格地址的字母和数字之间加 " $ "

138

8. Excel 中，一个完整的函数包括（　　）。

A. "＝"和函数名　　　　B. 函数名和变量　　　　C. "＝"和变量　　　　D. "＝"、函数名和变量

9. 在 Excel 中，利用填充功能可以自动快速输入（　　）。

A. 文本数据　　　　　　　　　　　　B. 公式和函数

C. 数字数据　　　　　　　　　　　　D. 具有某种内在规律的数据

10. 在 Excel 中，已知某单元格的格式为 000.00，值为 33.456，则显示的内容为（　　）。

A. 33.45%　　　　B. 33.45　　　　C. 23.785　　　　D. 023.79

二、简答题

1. 如何改变单元格的数据类型？

2. 设置表格标题居中的方法是什么？

3. 如何精确设置行高与列宽？

4. 相对引用和绝对引用有什么区别？

5. 简要总结创建图表的方法步骤。

三、操作题

1. 建立如表 4-8 所示的"学生评分表"并按要求完成以下操作。

表 4-8

姓名	性别	出生日期	所在城市	民族	爱好	评分
李东	男	1971/5/19	北京	汉	篮球	67.85
刘冰冰	女	1975/5/21	西安	汉	唱歌	72.85
李鞠萍	女	1971/5/19	上海	回	书法	78.2
杨浩	女	1974/3/21	杭州	羌	跳舞	86.6
张德江	男	1973/11/28	太原	藏	集邮	92.8
赵锋	男	1979/1/17	重庆	汉	旅游	56.4
王新建	男	1973/4/19	广州	汉	绘画	76.8

1）使用自动套用格式"古典 3"。

2）将当前工作表重新命名为"学生评分表"。

3）设定"学生评分表"工作表标签为红色，删除其他工作表。

4）将工作簿保存，名称为"Student.xls"。

2. 打开工作簿"Student.xls"，按以下要求完成操作。

1）在工作表"学生评分表"中，在表格最后一列后增加一列，列表题显示"评分等级"。利用公式评价每名学生的等级，条件为：评分大于等于 85 为优秀；评分大于等于 70 为良好；评分大于等于 60 为合格；评分小于 60 则不合格。

2）在工作表"学生评分表"中，在表格最后一行下增加一行，要求此行前 2 个单元格合并后居中显示"平均评分"，第 3 个单元格中用"表达式"功能，显示所有学生评分的平均值。此行前 4、5、6、7 单元格合并后居中显示"评分总和"，第 8 个单元格中用"表达式"功能，显示所有学生评分的合计。

3）为"学生评分表"工作表中的数据排序。要求按主关键字"出生日期"升序，次要关键字"评分"降序排列。

4）筛选出所有评分大于 76 的女学生和出生日期在 77 年以后的男学生，筛选后的数据放在工作表"学生评分表"中。

3. 根据工作簿"Student.xls"建立堆积三维条形图，要求横轴显示分数，纵轴显示学生姓名，其他内容不在图表中出现。

4. 打开本模块素材文件"销售统计表.xls"。

1）将"统计表"工作表中商品编号一列对齐方式设为居中。

2）将"统计表"工作表中利润额超过 6000 元的商品记录复制到"统计表副本"工作表中。

3）对"统计表"工作表中的利润一列求总和，并将结果放入 E12 单元格中。

4）对"统计表"工作表按"利润"升序排列各商品内容（不包括合计）。

5）将"统计表"工作表中销售量最少的商品名称用红色显示。

5. 利用 Excel 制作一个通讯录，将自己朋友的相关情况（包括姓名、地址、电话和邮箱等）录入其中，保存备用。

模块5 制作演示文稿

学习目标

1）具备利用 PowerPoint 创建与编辑演示文稿的基本能力。

2）熟练掌握美化幻灯片外观的方法与技巧。

3）掌握演示文稿的放映与超链接的设置方法。

4）了解演示文稿的输出与发布方法。

任务5.1 创建与编辑演示文稿

任务目标

1）掌握演示文稿的创建与编辑方法。

2）熟练掌握插入对象的基本方法。

3）掌握幻灯片的组织与浏览方法。

5.1.1 相关知识

1. PowerPoint 2003

PowerPoint 2003 是微软公司推出的 Office 办公套件中的一个组件，用来制作集文字、图形、图像、声音以及视频剪辑等多种媒体对象于一体的电子演示文稿。在会议演讲、产品推介、商务交流、企业宣传、职业培训和学校多媒体教学等方面得到了广泛的应用。

2. 演示文稿

演示文稿指人们在介绍自身或组织情况、阐述计划及观点时，向大家展示的一系列材料。它由一张或若干张幻灯片组成，每张幻灯片一般至少包括幻灯片标题和若干文本条目。通常在第一张幻灯片上单独显示演示文稿的主标题，在其余幻灯片上分别列出与主标题有关的子标题和文本条目。

3. 幻灯片

幻灯片是演示文稿的基本构成单位，是用计算机软件制作的一个"视觉形象页"，通常只通过屏幕显示出来，与传统意义上的幻灯片并不相同。利用 PowerPoint 不仅可以制作出包含文字和图表的幻灯片，还可制作出包含声音、视频、图片和动画效果的多媒体幻灯片。

4. 视图

为方便创建和浏览演示文稿，PowerPoint 提供了普通视图、幻灯片浏览视图和幻灯片放映视图。单击 PowerPoint 窗口左下角的视图切换按钮，可在视图之间轻松地进行切换，其中最常用的两种视图是普通视图和幻灯片浏览视图。

1）普通视图。普通视图有 3 个工作区域。左侧为可在幻灯片文本大纲和幻灯片缩略图之间切换的选项卡，右侧为幻灯片窗格，底部为备注窗格，如图 5 - 1 所示。拖动边框可调整不同区域的大小。

2）幻灯片浏览视图。在该视图中，屏幕上可以同时看到演示文稿的多幅幻灯片的缩略图，可以很容易地在幻灯片之间进行添加、删除和移动等操作以及选择幻灯片切换效果。

3）幻灯片放映视图。以全屏幕方式放映幻灯片，能看到对幻灯片演示设置的各种放映效果。

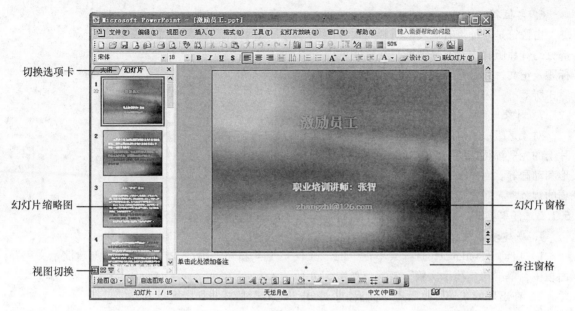

图 5 - 1

在放映过程中单击鼠标左键可使幻灯片前进一张，幻灯片放至最后一张后，单击左键会退出放映，退回到工作环境。任何时候按 < Esc > 键即可结束放映返回 PowerPoint 主窗口。

5. 幻灯片版式

幻灯片版式是一些对象标志符的集合。每当插入一个新幻灯片时，PowerPoint 会自动显示"幻灯片版式"面板，允许用户选择一种"自动版式"用于新幻灯片的制作，如图 5 - 2 所示。自动版式包含标题、文本、剪贴画、图表和组织结构图等对象的占位符。占位符可以移动位置、改变大小和删除，但前提是要先选取需要进行处理的占位符。

图 5 - 2

6. 占位符

占位符是一种带有虚线或阴影线边缘的框，绝大部分幻灯片版式中都有这种框，在这些框内可以放置标题及正文，或者是图表、表格和图片等对象，如图5-3所示。

7. 对象

对象是组成幻灯片的基本元素。所有插入到幻灯片上的元素都可以叫对象，如文字、声音、图片、图形和动画等。对象操作要遵循先选定对象再选择操作项的规范。

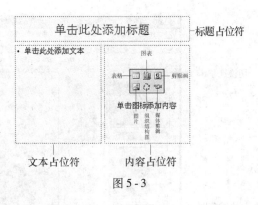

图 5-3

5.1.2 任务实现

1. 新建演示文稿

1）启动 PowerPoint，选择菜单栏中的"文件"→"新建"命令，在出现的"新建演示文稿"面板中，单击"空演示文稿"链接，如图5-4所示。

2）在出现的"幻灯片版式"面板中，单击"内容"版式，如图5-5所示。

图 5-4

图 5-5

3）单击"格式"工具栏中的"新幻灯片"命令，插入第2张幻灯片，选择"标题，文本与内容"版式。

4）继续插入第3张幻灯片，选择"标题，内容与文本"版式。

5）插入第4张幻灯片，选择"标题和内容"版式。

6）插入第5幻灯片，选择"标题和内容"版式。

7）插入第6张幻灯片，选择"内容"版式。

8）插入第7张幻灯片，选择"内容"版式。

9）保存演示文稿并命名为"感动常在佳能.ppt"。

2. 编辑内容

1）选中第1张幻灯片，单击幻灯片窗格中的"插入图片"占位符，如图5-6所示，插入本模块素材文件"501.jpg"。

提示　　　在 PowerPoint 中，单击需要选择的幻灯片图标即可将该幻灯片选中。被选中的幻灯片边框线条将加粗显示，表示其已被选中，可以对其进行编辑操作。

2）调整图片大小，如图 5-7 所示。

单击图标添加内容

图 5-6

图 5-7

3）单击"绘图"工具栏中的"插入艺术字"图标按钮，在打开的"艺术字库"对话框中选择一种自己喜欢的样式，单击"确定"按钮。

4）在打开的"编辑'艺术字'文字"对话框中，输入文本"感动常在佳能"，字体选择"华文琥珀"，字号设置为"48"，单击"确定"按钮。

5）单击"绘图"工具栏中的"三维效果样式"图标按钮，选择"三维样式 16"，调整艺术字的大小和位置，如图 5-8 所示。

6）选中第 2 张幻灯片，选择菜单栏中"格式"→"背景"命令，打开"背景"对话框。单击颜色选择框，在下拉列表中选择"填充效果"，打开"填充效果"对话框，如图 5-9 所示。

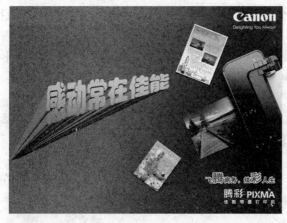

图 5-8

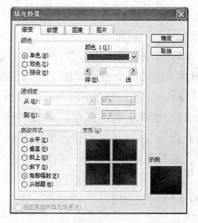

图 5-9

7）选择"渐变"选项卡，在"颜色"选项栏中选择"单色"，"颜色 1（1）"选择"红色"，其他选项参照图 5-9 设置。单击"确定"按钮，返回"背景"对话框，如图 5-10 所示。

8）在"背景"对话框中，单击"全部应用"按钮。

9）在"标题"占位符内单击鼠标左键，输入文本"企业理念"，设置字体为"黑体"，字号为"44"，颜色为"黄色"。

10）打开本模块素材文件"佳能.doc"，复制素材文件中的段落文本"忽略文化…"。返回PowerPoint，在"文本"占位符内单击，按<Ctrl+V>组合键粘贴文本，设置字体为"黑体"，字号为"28"，颜色为"黄色"，取消项目编号。

11）单击"插入图片"占位符，插入本模块素材文件"502.jpg"，合理调整图像大小，如图5-11所示。

图 5 - 10

图 5 - 11

12）选择第3张幻灯片，在"标题"占位符内输入文本"典型产品"，设置字体为"黑体"，字号为"44"，颜色为"白色"。

13）单击图像占位符，插入本模块素材文件"503.jpg"，合理调整图像大小。

14）同上方法将素材文件中的对应文本复制到"文本"占位符中，设置字体为"楷体"，字号为"28"，颜色为"白色"。

15）用鼠标右键单击文本框，在弹出的快捷菜单中选择"项目符号与编号"命令，在打开的"项目符号与编号"对话框中选择"项目符号"选项卡，单击"图片"按钮，打开"图片项目符号"对话框，选择自己喜欢的图片，单击"确定"按钮，依次关闭"图片项目符号"和"项目符号与编号"对话框。

16）单击"绘图"工具栏中的"自选图形"图标按钮，选择"星与旗帜"分类中的"波形"，在图片下方绘制"波形"图形。用鼠标右键单击图形，在弹出的快捷菜单中选择"编辑文本"命令，输入"腾彩PIXMAiP2780"，自行设置文本格式。

17）选中绘制的图形，单击"绘图"工具栏中的"填充颜色"图标按钮的下拉箭头，选择"填充效果"，打开"填充效果"对话框。选择"渐变"选项卡，在"颜色"选项栏中选择"双色"，两种颜色分别选择"白色"和"红色"，其他选项参照图5-12所示设置。

18）选中绘制的图形，单击"绘图"工具栏中的"线条颜色"图标按钮的下拉箭头，在弹出的下拉列表中选择"黄色"。单击"阴影样式"按钮，选择"阴影样式3"，效果如图5-13所示。

19）选择第4张幻灯片，在"标题"占位符内输入文本"2009年专利注册数排名"，设置字体为"黑体"，字号为"44"，颜色自定。

20）单击表格占位符，插入一个3列6行的表格。

21）利用剪切板将素材文件表格中的数据输入新建表格中，在表格中单击鼠标右键，在弹出的快捷菜单中选择"边框和填充"命令，打开"设置表格格式"对话框。

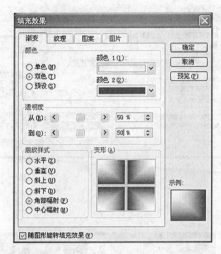

图 5 - 12

图 5 - 13

22）选择"边框"选项卡，颜色设置为"白色"，在右侧的"应用边框"区域，缓慢双击上下左右和中线设置按钮，设置表格的边框为白色，如图 5 - 14 所示。

23）选择"填充"选项卡，自行选择填充颜色，勾选"半透明"项，如图 5 - 15 所示。

图 5 - 14

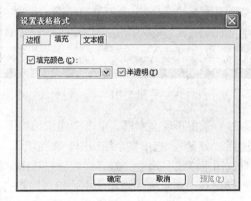

图 5 - 15

24）单击"确定"按钮，效果如图 5 - 16 所示。

25）选择第 5 张幻灯片，在"标题"占位符内输入文本"佳能援建希望小学一览"，设置字体为"黑体"，字号为"44"，颜色自定。

26）在本模块素材文件"佳能 . doc"中，选择并复制素材文件中的表格。返回 PowerPoint，在"内容"占位符内单击鼠标左键。

27）选择菜单栏中的"编辑"→"选择性粘贴"命令，打开"选择性粘贴"对话框，如图 5 - 17 所示。

2009年专利注册数排名		
排名	权益所有方	件数
1	IBM	4897
2	三星	3605
3	微软	2909
4	佳能	2204
5	松下电器	1837

图 5 - 16

28）选择"粘贴"项，在"作为"文本框中选择"Microsoft Office Word 文档对象"项，单击"确定"按钮，将表格插入幻灯片中。

29）双击表格，设置表格和文本格式，参考效果如图 5-18 所示。

30）选择第 6 张幻灯片，单击"组织结构图"占位符，参照素材文件插入组织结构图并输入文本，如图 5-19 所示。

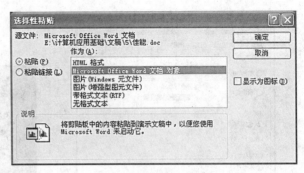

图 5-17

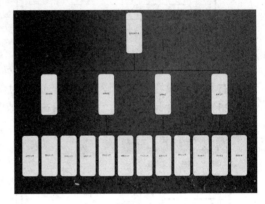

佳能企业	希望小学名称	所在地	落成日
佳能大连	庄河市步云山佳能希望小学	辽宁省庄河市步云山乡	1995 年
佳能大连	普兰店市大谭镇佳能希望小学	辽宁省普兰店市大谭镇	1999 年
佳能大连	瓦房店市杨家乡佳能希望小学	辽宁省瓦房店市杨家乡	2000 年
佳能大连	长海县海洋乡佳能希望小学	大连长海县海洋乡	2008 年
佳能(中国)	兴隆县半壁山佳能希望小学	河北省兴隆县半壁山镇小子庄	2008 年
佳能(中国)	宿豫区丁嘴佳能希望小学	江苏省宿迁市宿豫区丁嘴镇	2008 年
佳能(中国)	合川区双槐镇佳能希望小学	重庆市合川区双槐镇双门村	2009 年
佳能(中国)	佳能员工抗震希望教室	四川省元市上西中学	2008 年
天津佳能	天津佳能希望小学	静海县梁头镇贾口村	2008 年
佳能(苏州)	佳能希望小学	江苏省盐城市响水县	2008 年

佳能援建希望小学一览

图 5-18

图 5-19

31）选中顶层文本框，单击"组织结构图"工具栏中的"选择"下拉图标按钮，在下拉菜单中选择"分支"，选中整个结构图。在组织结构图上单击鼠标右键，在弹出的快捷菜单中选择"设置自选图形格式"命令，打开"设置自选图形格式"对话框。

32）在"文本框"选项卡中，勾选"将自选图形中的文字旋转 90°"项，如图 5-20 所示。

33）在"颜色与线条"选项卡中，自行设置颜色与线条，单击"确定"按钮。

34）单击"组织结构图"工具栏中的"适应文字"图标按钮，自行调整文字的格式。

35）单击"组织结构图"工具栏中的"选择"下拉图标按钮，在下拉菜单中选择"所有连接线"，选中所有连接线，自行利用绘图工具栏上的命令按钮调整连接线格式。

36）选中整个结构图，单击"绘图"工具栏中的"三维效果样式"图标按钮，选择"三维样式 7"样式，效果如图 5-21 所示。

3. 插入声音

1）选中第 1 张幻灯片，选择菜单栏中的"插入"→"影片和声音"→"文件中的声音"命令，打开"插入声音"对话框，选择本模块素材文件"茉莉花.wav"，关闭"插入声音"对话框。在出现的询问框中单击"自动"按钮。

2）选中"小喇叭"图标，单击鼠标右键，在弹出的快捷菜单中选择"编辑声音对象"命令，将弹出"声音选项"对话框，勾选"幻灯片放映时隐藏声音图标"项，隐藏该图标。启动放映模式，感觉效果。

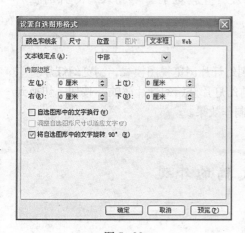

图 5 - 20

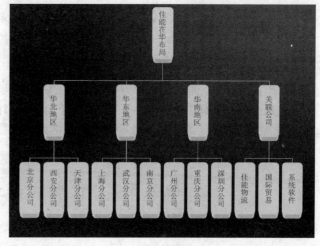

图 5 - 21

4. 插入视频

1）选中第 7 张幻灯片，单击"媒体剪辑"占位符，打开"媒体剪辑"对话框，如图 5 - 22 所示。

2）单击"导入"按钮，在打开的"将剪辑添加到管理器"对话框中选择本模块素材文件"数码相机.wmv"，单击"添加"按钮，返回到"媒体剪辑"对话框。在剪辑列表中选中"数码相机.wmv"，单击"确定"按钮，在出现的询问框中单击"单击时"按钮。

3）调整视频窗口大小，启动放映模式，单击视频窗口，播放视频，感觉效果。

4）单击常用工具栏上的"保存"图标按钮，保存文档。

图 5 - 22

5. 组织幻灯片

1）单击第 1 张幻灯片图标，按住 <Shift> 键不放，单击最后一张幻灯片图标，选中所有幻灯片。

> ☀ 提示　　在 PowerPoint 中，如果单击第 1 张幻灯片图标，然后按住 <Shift> 键不放，再单击另一张幻灯片图标，此时两张幻灯片之间的所有幻灯片均被选中。

2）单击常用工具栏上的"复制"图标按钮，复制幻灯片。

3）在最后一张幻灯片下方单击鼠标左键，将插入光标移至此处。单击常用工具栏上的"粘贴"图标按钮，完成幻灯片的复制。

4）按住 <Ctrl> 键不放，逐个单击上一步复制的幻灯片（可选择不连续的多张幻灯片），选中它们，按 <Delete> 键，删除这些复制的幻灯片。

5）选中第 2 张幻灯片，单击鼠标右键，在弹出的快捷菜单中选择"剪切"命令，将插入光标移至最后一张幻灯片下方，单击鼠标右键，在弹出的快捷菜单中选择"粘贴"命令，将该幻灯片移至此处。

☀ 提示　　　也可以按住需要移动的幻灯片不放，直接拖至需要插入幻灯片的位置，释放鼠标。

6. 浏览幻灯片

1）单击窗口左下角"幻灯片浏览视图"按钮，切换到幻灯片浏览视图模式，浏览幻灯片。

2）单击第1张幻灯片，然后单击窗口左下角"从当前幻灯片开始幻灯片放映"按钮，切换到幻灯片放映视图模式，单击屏幕放映直至放映结束，查看制作效果。

3）保存文件。

任务5.2　控制演示文稿的外观

任务目标

1）掌握 PowerPoint 模板的设计与使用技巧。

2）掌握配色方案的使用方法。

3）掌握幻灯片页眉和页脚的使用方法。

5.2.1　相关知识

1. 幻灯片母版

幻灯片母版定义了演示文稿中所有的幻灯片视图，存储有关应用的设计模板信息，包括字形、占位符大小或位置、背景设计和配色方案等。所以，将母版应用于幻灯片时，不仅仅是背景，而且所有的文字格式等都使用母版的设置。使用母版可以方便地统一幻灯片的风格。幻灯片母版如图5-23所示。

在幻灯片母版视图中，各占位符的功能如下：

1）自动版式的标题区。设置演示文稿中所有幻灯片标题文字的格式、位置和大小。

图5-23

2）自动版式的对象区。设置幻灯片所有对象的文字格式、位置和大小，以及项目符号的风格。

3）日期区。为演示文稿中的每一张幻灯片自动添加日期，并决定日期的位置、文字的大小和字体。

4）页脚区。为演示文稿中的每一张幻灯片自动添加页脚，并决定页脚的位置、大小和字体。

5）数字区。为演示文稿中的每一张幻灯片自动添加序号，并决定序号的位置、文字的大小和字体。

2. 设计模板

设计模板是包含演示文稿样式的文件，包括项目符号、字体的类型和大小、占位符大小和位置、背景设计和填充、配色方案以及幻灯片母版等，其文件名格式为"*.pot"。

模板是 PowerPoint 的骨架性组成部分。一般情况下，PowerPoint 中的模板同时具有一个"标题母版"和一个"幻灯片母版"。"标题母版"和"幻灯片母版"在版式和设计略有差异，使标题幻灯片区别于其他幻灯片，这样可以非常方便地对除标题幻灯片以外的所有幻灯片进行更改，或只对标题幻灯片进行更改。

近年来一些专业设计公司对 PowerPoint 模板进行了提升和发展，包括片头动画、封面、目录、过渡页、内页、封底、片尾动画等页面，使制作出的演示文稿更美观动人。

3. 配色方案

配色方案中包括幻灯片的"背景"、"文本和线条"、"阴影"、"标题文本"、"填充"、"强调文字"、"强调和超级链接"和"强调和尾随超级链接"等 8 种对象的颜色，作用分别如下：

1）背景。即演示文稿的底色，出现在所有对象之后。

2）文本和线条。在演示文稿上输入文本和绘制图形时使用的颜色。

3）阴影。给对象添加阴影时使用的阴影颜色。

4）标题文本。主要用于给标题着色，使标题更加醒目，区别于一般文本。

5）填充。用于填充图形对象的颜色。

6）强调。加强某些重点或者需要着重指出的文字。

7）强调文字和超链接。突出超链接的颜色。

8）强调文字和已访问的超链接。突出已经访问过的超链接的颜色。

使用配色方案配色可以使幻灯片更加鲜明易读，风格统一。

4. 页眉和页脚

在 PowerPoint 2003 中，页眉和页脚包含页眉和页脚文本、幻灯片号码或页码以及日期，它们出现在幻灯片或备注及讲义的顶端或底端。使用当中不必在每张幻灯片或页面上都添加此类信息，而只需利用"页眉和页脚"对话框添加一次，并把它应用于所有幻灯片或页面即可。

5.2.2 任务实现

1. 设置幻灯片母版

1）新建空白演示文稿，以"新品速递"为文件名保存。

2）选择菜单栏中的"视图"→"母版"→"幻灯片母版"命令，进入幻灯片母版视图，如图 5-24 所示。

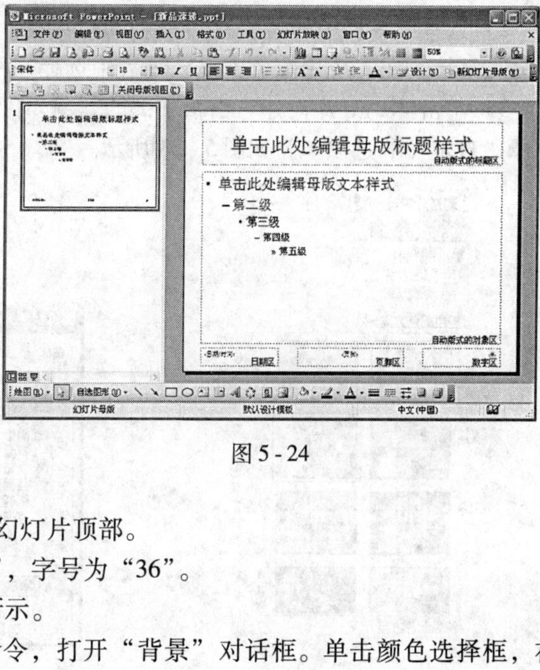

3）单击"母版"工具栏中的"插入新标题母版"图标按钮，插入标题母版。

4）选中标题母版，修改标题样式为"黑体"，字号为"44"，修改副标题样式为"楷体"，字号为"32"。

5）选中幻灯片母版，单击"绘图"工具栏中的"插入图片"图标按钮，选择本模块素材文件"504. jpg"，插入幻灯片，调整位置到幻灯片顶部。

图 5-24

6）调整模板标题大小，修改字体为"黑体"，字号为"36"。

7）修改文本样式的项目符号，如图 5-25 所示。

8）选择菜单栏中的"格式"→"背景"命令，打开"背景"对话框。单击颜色选择框，在下拉列表中选择"填充效果"，打开"填充效果"对话框。选择"图片"选项卡，单击"选择图片"按钮，在打开的"图片选择"对话框中选择本模块素材文件"505. bmp"，单击"确定"按钮返回"背景"对话框，如图 5-26 所示。

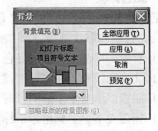

图 5 - 25   图 5 - 26

9）单击"全部应用"按钮，关闭对话框。

10）合理调整"页脚"文本框的大小和位置，自行设置页脚文本格式。

11）单击"绘图"工具栏中的"直线"图标按钮，在页脚上方绘制一条水平直线。利用"绘图"工具栏中的"线条颜色"图标按钮，设置直线的颜色为白色。

12）单击"母版"工具栏中的"重命名母版"图标按钮，在打开的"重命名母版"对话框中输入"新品速递"，单击"重命名"按钮，关闭对话框。

13）单击"母版"工具栏中的"关闭母版视图"图标按钮，退出母版设计。

2. 设计幻灯片配色方案

1）单击工具栏中的"新幻灯片"按钮，插入一张新幻灯片。

2）选择菜单栏中的"格式"→"幻灯片设计"命令，在"幻灯片设计"面板中单击"配色方案"链接，在"应用配色方案"列表中选择一种配色方案，如图 5 - 27 所示。

3）单击"幻灯片设计"面板下部的"编辑配色方案"链接，打开"编辑配色方案"对话框，选择"自定义"选项卡，如图 5 - 28 所示。

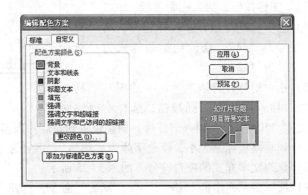

图 5 - 27   图 5 - 28

4）选中"背景"项，单击"更改颜色"按钮，在打开的"背景色"对话框中选择"天蓝色"，单击"确定"按钮，关闭对话框。

5）使用同样的方法设置其他对象的颜色（颜色自定）。单击"应用"按钮关闭对话框，即应用了配色方案。

6）选择菜单栏中的"文件"→"另存为"命令，打开"另存为"对话框。选择"演示文稿设计模板（＊.pot）"文件类型，用"新品速递.pot"为文件名保存到默认文件中，如图5-29所示。

7）关闭演示文稿。

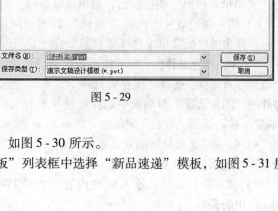

图5-29

3. 应用模板

1）新建演示文稿，在"新建演示文稿"面板中单击"根据设计模板"链接，如图5-30所示。

2）在"幻灯片设计"面板的"应用设计模板"列表框中选择"新品速递"模板，如图5-31所示，将该模板应用到新演示文稿中。

4. 设置页眉和页脚

1）选择菜单栏中的"视图"→"页眉和页脚"命令，打开"页眉和页脚"对话框，如图5-32所示。

图5-30

图5-31

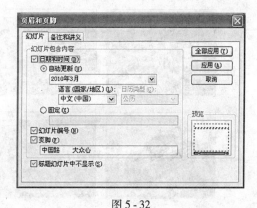

图5-32

2）勾选"日期和时间"项并选择"自动更新"项，在日期格式下拉列表中选择一种样式。

3）勾选"幻灯片编号"项及"页脚"项，并输入页脚内容"中国路　大众心"。

4）勾选"标题幻灯片不显示"项，单击"全部应用"按钮，关闭对话框。

5. 编辑演示文稿内容

1）单击第1张幻灯片，输入标题内容"集成全球资源　满足用户需求"，输入副标题内容"上海汽车工业（集团）总公司"。

2）插入新幻灯片，输入标题内容"普桑"，正文内容参照本模块素材文件"上海汽车.doc"中的资料。

3）选择菜单栏中的"视图"→"母版"→"幻灯片母版"命令，进入幻灯片母版视图，修改母版。

4）选中幻灯片母版，选中文本占位符，选择菜单栏中的"格式"→"行距"命令，打开"行距"对话框，设置行距为"1.5"，如图5-33所示。

图5-33

5）单击"确定"按钮，关闭对话框。单击"母版"工具栏中的"关闭母版视图"图标按钮，退出母版修改。

6）插入新幻灯片，选择"空白"版式。用鼠标右键单击幻灯片，在弹出的快捷菜单中选择"背景"命令，打开"背景"对话框。

7）单击颜色选择框，在下拉列表中选择"填充效果"，打开"填充效果"对话框。选择"图片"选项卡，单击"选择图片"按钮，在打开的"图片选择"对话框中选择本模块素材文件"506.jpg"，单击"确定"按钮返回"背景"对话框，如图5-34所示。

图5-34

8）勾选"忽略母版的背景图形"项，单击"应用"按钮，将该背景图片应用到这一张幻灯片上。

9）插入新幻灯片，输入标题内容"帕萨特"，正文内容参照本模块素材文件"上海汽车.doc"中的资料。

10）插入新幻灯片，选择"空白"版式，参照前面的方法插入图片"507.jpg"。

11）使用同样的方法为"凯越"和"荣威"创建幻灯片。

12）插入新幻灯片，选择"标题、文本和内容"版式，输入标题内容"愿景"，正文内容参照本模块素材文件"上海汽车.doc"中的资料，插入视频"中国路大众心.wmv"。

13）单击"幻灯片浏览视图"按钮，查看效果，如图5-35所示。

图5-35

14）用"中国路大众心"为文件名保存演示文稿。

任务5.3 使用动画效果和设置超链接

任务目标

1）熟练掌握幻灯片动画的设置方法。

2）掌握使用动作和超链接的基本途径和技巧。

5.3.1 相关知识

1. 动画方案

动画方案指 PowerPoint 将几类互补的动画视觉效果连接起来，为幻灯片提供的预设方案。每个方案通常包含幻灯片标题效果和应用于幻灯片对象的效果，有些动画方案还包括幻灯片的切换效果。这样不必分别为每张幻灯片应用效果，只需应用一个方案就可以为所有幻灯片创设效果，特别适用于给幻灯片快速地添加动画效果。

2. 自定义动画

PowerPoint 的"自定义动画"功能可以方便地设置多个对象的动画和声音效果，还可以任意调整各个对象在放映时的顺序和时间。这样就可以突出重点、控制信息的流程，并提高演示文稿的趣味性。

1）进入动画。用来设置幻灯片放映时各种对象，在进入放映界面时的动画效果。

2）强调动画。用来对需要强调的部分而设置的强调动画效果。

3）退出动画。用来设置各种对象在退出时的动画效果。

4）动作路径动画。为对象添加某种效果以使其在放映时按照指定的模式移动。

3. 切换效果

切换效果是指前后两张幻灯片进行切换的方式，其中包括了切换时的动态效果和切换方法以及幻灯片播放持续的时间等。可以简单地用一张幻灯片代替另一张幻灯片，也可以创建一种特殊的效果，并使用各种声音搭配，使幻灯片以耳目一新的感觉出现在屏幕上。

既可以为一组幻灯片设置同一种切换方式，也可以为每张幻灯片设置不同的切换动画。

4. 动作设置

放映演示文稿时，演讲者操作幻灯片上的对象去完成某项工作，这项工作被称为该对象的动作。通过动作设置，演讲者可以根据自己的需要选择幻灯片的演示顺序和展示演示内容，可以在幻灯片中快速跳转，也可以链接到 Internet，甚至可以启动一个应用程序。

5. 超级链接

通过超级链接可以快速地链接到文稿中某张幻灯片，还可以链接到其他的演示文稿、Word 文件、Internet 网页等。建立了超级链接后，超级链接标记会自动添加下划线并具有特殊的颜色。在进行幻灯片放映过程中，当鼠标移动至超级链接标记时，指针会变成手状，此时单击超级链接标记，即可跳转至相应的链接目标。

5.3.2 任务实现

1. 使用动画方案

1）打开本模块素材文件"中国路大众心.ppt"演示文稿。

2）选中第1张幻灯片，选择菜单栏中的"幻灯片放映"→"动画方案"命令，打开"幻灯片设计"面板，如图5-36所示。

3）在"应用于所选幻灯片"列表框中，选择"细微型"分类中的"出现"方案，单击下方的"应用于所有幻灯片"按钮。

4）单击"幻灯片放映"按钮，预览效果。

5）选中所有幻灯片，选择"应用于所选幻灯片"列表框中的"无动画"，删除动画效果。

6）选中第1张幻灯片，在"应用于所选幻灯片"列表框中，选择"华丽型"分类中的"大标题"方案。

7）选中第2张幻灯片，在"应用于所选幻灯片"列表框中，选择"温和型"分类中的"上升"方案。

8）选中第3张幻灯片，在"应用于所选幻灯片"列表框中，选择"华丽型"分类中的"浮动"方案。

9）选中第4张幻灯片，在"应用于所选幻灯片"列表框中，选择"细微型"分类中的"随机线条"方案。

10）选中第5张幻灯片，在"应用于所选幻灯片"列表框中，选择"华丽型"分类中的"椭圆动作"方案。

11）选中第6张幻灯片，在"应用于所选幻灯片"列表框中，选择"细微型"分类中的"渐变并变暗"方案。

图 5-36

12）选中第7张幻灯片，在"应用于所选幻灯片"列表框中，选择"华丽型"分类中的"压缩"方案。

13）选中第8张幻灯片，在"应用于所选幻灯片"列表框中，选择"温和型"分类中的"展开"方案。

14）选中第9张幻灯片，在"应用于所选幻灯片"列表框中，选择"华丽型"分类中的"大标题"方案。

15）选中第10张幻灯片，在"应用于所选幻灯片"列表框中，选择"细微型"分类中的"擦除"方案。

16）选中第1张幻灯片，单击"幻灯片放映"按钮，预览效果。

2. 创建自定义动画

利用"动画方案"设置动画效果，操作简单方便，但效果样式有限。要实现更多更复杂的视觉效果，需要借助"自定义动画"来实现。使用"自定义动画"还可以更改动画的速度和方向等。

1）选中所有幻灯片，选择"应用于所选幻灯片"列表框中的"无动画"，删除动画效果。

2）执行"幻灯片放映"→"自定义动画"命令，打开"自定义动画"面板，如图5-37所示。

3）选中第1张幻灯片，接着选择标题占位符，在"自定义动画"面板中选择"添加效果"→"进入"→"飞入"命令，如图5-38所示。

4）在"自定义动画"面板中，单击"开始"右侧的下拉列表，设置开始效果，选择"之前"项，如图5-39所示。

图 5-37

 提示　　"单击时"表示当单击鼠标时播放效果；"之前"表示在上一动画效果开始时自动开始播放效果；"之后"表示在上一动画效果完成后自动播放效果。

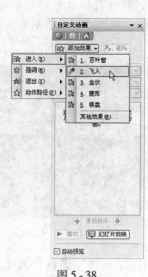

图 5 - 38   图 5 - 39

5）在"自定义动画"面板中，单击"方向"右侧的下拉列表，设置动画效果进入的角度，选择"自顶部"项，如图 5 - 40 所示。

6）在"自定义动画"面板中，单击"速度"右侧的下拉列表，设置动画效果播放的快慢程度，选择"中速"项，如图 5 - 41 所示。

7）在"自定义动画"面板中，单击标题动画效果右侧的下拉按钮，在弹出的菜单中选择"效果选项"命令，如图 5 - 42 所示。在打开的"飞入"对话框中，设置声音效果为"风铃"，单击"确定"按钮，如图 5 - 43 所示。

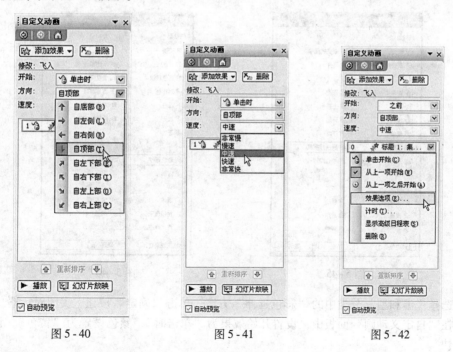

图 5 - 40   图 5 - 41   图 5 - 42

8）使用同样的方法为副标题占位符设置"飞入"效果。

9）查看已设置动画效果的幻灯片，可以发现当幻灯片中的对象被添加动画效果后，在每个对象的左侧都会显示一个带有数字的矩形标记。这个小矩形表示已经对该对象添加了动画效果，中间的数字表示该动画在当前幻灯片中的播放次序，如图 5 - 44 所示。

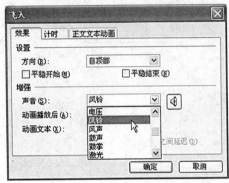

图 5 - 43 　　　　　　　　　　　　　　　　图 5 - 44

10）选中第 2 张幻灯片，选择内容占位符，在"自定义动画"面板中选择"添加效果"→"进入"→"其他效果"命令，打开"添加进入效果"对话框，如图 5 - 45 所示。

11）选择"温和型"分类中的"颜色打字机"方案，单击"确定"按钮，关闭对话框。

12）在"自定义动画"面板中，设置开始效果为"单击时"，设置速度为"非常快"。

13）选中第 3 张幻灯片，选择内容占位符，在"自定义动画"面板中选择"添加效果"→"进入"→"其他效果"命令，打开"添加进入效果"对话框，选择"华丽型"分类中的"螺旋飞入"方案。

14）选中第 4 张幻灯片，选择内容占位符，在"自定义动画"面板中选择"添加效果"→"强调"→"其他效果"命令，打开"添加强调效果"对话框，如图 5 - 46 所示。

图 5 - 45 　　　　　　　　　　　　　　　图 5 - 46

15）选择"温和型"分类中的"彩色延伸"方案，单击"确定"按钮，关闭对话框。

16）在"自定义动画"面板中，设置开始效果为"单击时"，颜色设置为"黄色"，设置速度为"非常快"。

17）选中第 5 张幻灯片，接着选择图片占位符，在"自定义动画"面板中选择"添加效果"→"动作路径"→"对角线向右下"命令，在幻灯片中拖动线条终点至幻灯片中心位置，如图 5 - 47 所示。

18）参照上述方法，分别为其余幻灯片设置动画效果（效果自选）。

19）选择第一张幻灯片，在"自定义动画"面板中单击"幻灯片放映"按钮，预览效果并保存文档。

3. 创建切换效果

1）选择第一张幻灯片，选择菜单栏中的"幻灯片放映"→"幻灯片切换"命令，打开"幻灯片切换"面板，如图 5 - 48 所示。

图 5 - 47

图 5 - 48

2）在"应用于所选幻灯片"列表框中，选择"新闻快报"效果，速度设置为"中速"，声音设置为"照相机"。单击"播放"按钮，预览效果。

注意　　　如果单击"应用于所有幻灯片"按钮，所设置的切换效果将应用于所有的幻灯片。

3）采用同样的方法为其他幻灯片设置不同的切换效果和选项，单击"幻灯片放映"按钮预览效果。

4. 动作设置

1）选择菜单栏中的"视图"→"母版"→"幻灯片母版"命令，进入幻灯片母版视图。

2）选中幻灯片母版，选择菜单栏中的"幻灯片放映"→"动作按钮"命令，打开"动作按钮"子菜单，单击"开始"图标，如图 5 - 49 所示。

3）当鼠标指针变为"十"字形时，在幻灯片顶端绘制图形按钮，随即打开"动作设置"对话框，如图 5 - 50 所示。

4）选择"超链接到"项，并在下拉列表中选择"第一张幻灯片"。单击"确定"按钮，关闭对话框。

5）选中绘制的图形按钮，单击"绘图"工具栏中的"填充颜色"图标按钮，设置"填充颜色"为"白色"，单击"阴影样式"按钮，设置阴影样式为"阴影样式 18"。

158

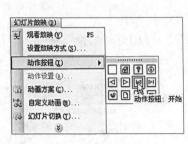

图 5 - 49

图 5 - 50

6）采用同样的方法建立"后退"、"前进"、"结束"和"上一张"动作按钮，如图 5 - 51 所示。

图 5 - 51

7）选中幻灯片顶部图片，选择菜单栏中的"幻灯片放映"→"动作设置"命令，打开"动作设置"对话框。选择"超链接到"项，在下拉列表中选择"URL…"，如图 5 - 52 所示。

8）在打开的"超链接到 URL"对话框中，输入网址"http：//www. saicgroup. com/"，如图 5 - 53 所示。

图 5 - 52

图 5 - 53

9）依次单击"确定"按钮，关闭对话框，返回到幻灯片母版视图。

10）关闭幻灯片母版视图，单击"幻灯片放映"按钮，测试效果并保存演示文稿。

5. 建立超级链接

1）选择第一张幻灯片，在"格式"工具栏中单击"新幻灯片"图标按钮，插入一张幻灯片，选择"标题和文本"版式。

2）在标题占位符中输入"新品快递"，在文本占位符中分行输入"普桑"、"帕萨特"、"凯越"和"荣威"，并设置水平居中对齐格式。

3）选中文本"普桑"，选择菜单栏中的"插入"→"超链接"命令，打开"插入超链接"对话框，在"链接到"列表中选择"本文档中的位置"，在"请选择文档中的位置"列表中选择第 3

张幻灯片。如图5-54所示。

4）单击"确定"按钮，关闭对话框，完成超链接的创建。

5）采用同样的方法为"帕萨特"、"凯越"和"荣威"建立超链接，如图5-55所示。

6）选择最后一张幻灯片，选中视频，按 < Delete > 键删除视频。

7）单击幻灯片窗格中的"插入图片"占位符，插入本模块素材文件"510.jpg"。

图5-54

8）选中图片，选择菜单栏中的"插入"→"超链接"命令，打开"编辑超链接"对话框。在"链接到"列表框中选择"原有文件或网页"，选择本模块素材文件"中国路大众心.wmv"，如图5-56所示。

图5-55

图5-56

9）单击"确定"按钮，关闭对话框。

10）选择菜单栏中的"文件"→"另存为"命令，打开"另存为"对话框。在对话框中选择保存类型为"PowerPoint 放映（ * . pps）"，用"中国路大众心.pps"为文件名保存演示文稿。

11）在 Windows 资源管理器中找到"中国路大众心.pps"文件，双击该文件查看放映效果。

任务5.4　演示文稿的放映与输出

任务目标

1）了解演示文稿的放映方式。

2）掌握演示文稿的放映和控制方法。

3）掌握打包和发布演示文稿的技巧。

5.4.1　相关知识

1. 放映演示文稿

打开已编辑好的演示文稿，直接按 < F5 > 键，或者选择菜单栏中的"幻灯片放映"→"观看放映"命令，都可以从第1张幻灯片开始放映当前演示文稿。单击窗口左下角的"从当前幻灯片开始幻灯片放映"图标，可以从当前正在编辑的那张幻灯片开始放映演示文稿。

在幻灯片放映过程中，单击鼠标右键、滚动鼠标滚轮或者按下空格、< Enter >、< PgDn >键，都可以进行下一步动画或切换到下一张幻灯片。也可通过按键盘上的 < PgUp > 键返回上一步动画或上一张幻灯片。播放中途按 < Esc > 键或在最后一张幻灯片上单击鼠标，都可以退出幻灯片放映视图。

PowerPoint 2003 的放映方式主要有以下几种：

1）演讲者放映。演讲者放映是全屏幕幻灯片放映方式，也是最常用的方式，用于演讲者播放演示文稿，以幻灯片的放映来配合演讲者的演讲。在这种方式下，演讲者完全控制放映的过程和节奏，演讲者在播放演示文稿时可以随时暂停演示文稿添加其他细节，还可单击鼠标右键，在弹出的快捷菜单中将鼠标指针设置成绘图笔，在幻灯片上边勾画重点边演讲。

2）观众自行浏览。观众自行浏览指幻灯片在 PowerPoint 窗口中放映，通过按 < PgUp > 和 < PgDn > 键来前后浏览幻灯片或动画，也可以通过移动窗口中滚动条来浏览幻灯片。要结束放映可以按 < Esc > 键，或者单击鼠标右键，在弹出的快捷菜单中选择"结束放映"命令。

3）在展台浏览。在展台浏览指幻灯片全屏幕自动运行的放映方式，常被用于不需专人控制的展示环境。演示文稿结束时，自动返回第 1 张幻灯片继续播放，要终止放映，按 < Esc > 键。

2. 控制幻灯片放映

如果想控制幻灯片的放映过程，可以在放映视图中单击鼠标右键，通过选择快捷菜单的各种命令进行。

1）下一张：切换到下一张幻灯片。

2）上一张：切换到上一张幻灯片。

3）定位至幻灯片：选择子菜单中的命令切换到指定的幻灯片。

4）指针选项：设置鼠标指针的选项，可以将鼠标箭头隐藏起来，可以设为各种颜色的绘图笔。

5）屏幕："暂停"可以使幻灯片暂停演示；"黑屏"使屏幕变为全黑，单击鼠标即可解除；"擦除笔迹"能够把绘图笔写在幻灯片上的内容擦掉。

6）结束放映：可结束演示，返回到原来视图。

3. 自定义放映

针对不同的听众，将演示文稿中不同的幻灯片组合起来，创建子演示文稿，并加以命名。然后根据各种需要，选择其中的自定义放映名进行放映，这样可以很方便地给特定的观众放映同一演示文稿中的特定部分。

4. 打包演示文稿

在日常工作中，经常需要将一个编辑好的演示文稿通过存储器（如 U 盘）复制到另一台计算机中，然后将这些演示文稿展示给别人。如果另一台计算机没有安装 PowerPoint 软件，那么将无法播放这个演示文稿。

利用 PowerPoint 的"打包"命令，将演示文稿中使用的所有文件、链接文件和字体全部打包到一个文件夹中，打包后的演示文稿就可在任何一台有 Windows 操作系统的计算机中正常放映。

5.4.2 任务实现

1. 放映演示文稿

1）打开本模块素材文件"飞人.ppt"演示文稿。

2）选择菜单栏中的"幻灯片放映"→"观看放映"命令，单击鼠标，播放演示文稿直到结束。

3）直接按 < F5 > 键，再次播放演示文稿。单击鼠标右键，利用弹出的快捷菜单中的命令，切换到第 10 张的幻灯片。

4）单击鼠标右键，选择菜单栏中的"指针选项"→"荧光笔"命令，使用"荧光笔"绘制记号，如图5-57所示。

5）单击鼠标右键，选择菜单栏中的"指针选项"→"墨迹颜色"命令，改变绘图笔颜色为"蓝色"。

6）单击鼠标右键，选择菜单栏中的"指针选项"→"圆珠笔"命令，使用"圆珠笔"绘制图形或书写文字。

7）单击鼠标右键，选择菜单栏中的"指针选项"→"擦除幻灯片上的所有墨迹"命令，擦除幻灯片上的墨迹。

8）单击鼠标右键，选择菜单栏中的"结束放映"命令，结束演示，返回到普通视图。

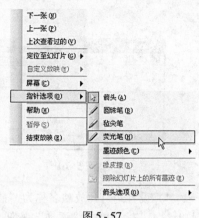

图5-57

9）选择菜单栏中的"幻灯片放映"→"设置放映方式"命令，打开"设置放映方式"对话框，"放映类型"选择"观众自行浏览"项，其他参数默认，如图5-58所示，单击"确定"按钮。

10）选择菜单栏中的"幻灯片放映"→"观看放映"命令，放映演示文稿，效果如图5-59所示。通过按＜PgUp＞和＜PgDn＞键，前后浏览幻灯片。

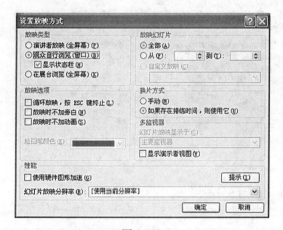

图5-58

图5-59

11）按＜Esc＞键返回普通视图，选择所有幻灯片，选择菜单栏中的"幻灯片放映"→"幻灯片切换"命令，在"幻灯片切换"面板中设置幻灯片切换时间间隔为"00:05"，如图5-60所示。

12）选择菜单栏中的"幻灯片放映"→"设置放映方式"命令，再次打开"设置放映方式"对话框，"放映类型"选择"在站台浏览"项，其他参数默认，单击"确定"按钮。

13）选择菜单栏中的"幻灯片放映"→"观看放映"命令，放映演示文稿，即启动了在站台浏览模式，查看效果。

14）按＜Esc＞键结束放映，返回普通视图。

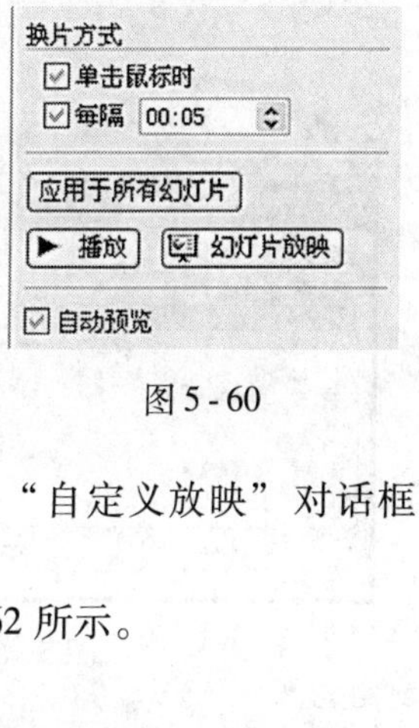

2. 自定义放映

1）打开本模块素材文件"自定义放映.ppt"演示文稿。

2）选择菜单栏中的"幻灯片放映"→"自定义放映"命令，打开"自定义放映"对话框，如图5-61所示。

3）单击"新建"按钮，打开"定义自定义放映"对话框，如图5-62所示。

图5-60

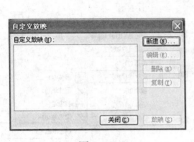

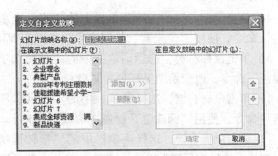

图 5 - 61   图 5 - 62

4）设置幻灯片放映名称为"感动常在佳能"，在"在演示文稿中的幻灯片"列表框中选中幻灯片"1～7"，单击"添加"按钮，添加到"在自定义放映中的幻灯片"列表中，如图 5 - 63 所示。单击"确定"按钮，关闭对话框。

5）再次单击"新建"按钮，打开"定义自定义放映"对话框。设置幻灯片放映名称为"新品速递"，将"在演示文稿中的幻灯片"列表框中的幻灯片"8～18"添加到"在自定义放映中的幻灯片"列表框中，如图 5 - 64 所示。单击"确定"按钮，关闭对话框。

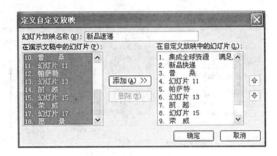

图 5 - 63   图 5 - 64

6）完成自定义放映的"自定义放映"对话框，如图 5 - 65 所示。

7）单击"关闭"按钮，返回普通视图窗口。

8）选择菜单栏中的"幻灯片放映"→"设置放映方式"命令，打开"设置放映方式"对话框。"放映类型"选择"演讲者放映（全屏幕）"项，"放映幻灯片"选择"自定义放映"项，并在下拉列表框中选择一个自定义放映，其他参数默认，如图 5 - 66 所示，单击"确定"按钮。

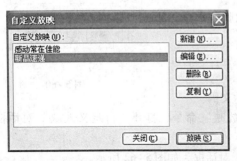

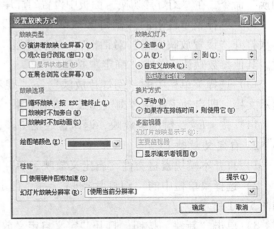

图 5 - 65   图 5 - 66

9）选择菜单栏中的"幻灯片放映"→"观看放映"命令，放映演示文稿，查看效果。

3. 打包演示文稿

1）打开本模块素材文件"飞人.ppt"演示文稿，选择菜单栏中的"文件"→"打包成 CD"命令，打开"打包成 CD"对话框，如图 5-67 所示。

2）在"将 CD 命名为"文本框中，更改命名为"飞人"。

3）单击"选项"按钮，打开"选项"对话框，如图 5-68 所示。

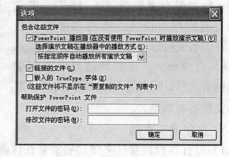

图 5-67   图 5-68

4）勾选"PowerPoint 播放器"项，即可将 PowerPoint 播放器包含在打包文件夹中。

5）勾选"链接的文件"项，将所有超级链接的文件都保存到演示文稿中。

6）单击"确定"按钮，关闭对话框。

7）在"打包成 CD"对话框中，单击"复制到文件夹"按钮，打开"复制到文件夹"对话框，给定文件夹的名称和存放的位置，如图 5-69 所示。

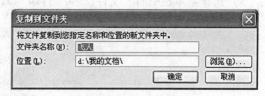

图 5-69

8）单击"确定"按钮，开始打包复制，完成后的文件夹组成如图 5-70 所示。

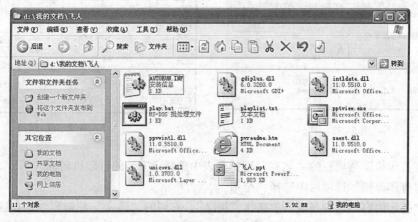

图 5-70

9）双击打包文件夹中的"play.bat"文件，播放演示文稿，测试效果。

4. 网上发布演示文稿

1）打开本模块素材文件"感动常在佳能.ppt"演示文稿。

2）选择菜单栏中的"文件"→"另存为网页"命令，打开"另存为"对话框。选择保存类型为"*.mht"，指定演示文稿的存放位置，如图 5-71 所示。

3）单击"保存"按钮，将演示文稿保存为网页文件。

4）在 Windows 资源管理器中找到生成的网页文件，双击该文件查看效果。

5）再次选择菜单栏中的"文件"→"另存为网页"命令，打开"另存为"对话框。选择保存类型为"＊.htm"，指定演示文稿的存放位置，单击"保存"按钮，将演示文稿保存为网页文件。

6）在 Windows 资源管理器中找到生成的网页文件，比较生成的网页文件，双击该文件查看效果。

图 5-71

5. 打印演示文稿

1）打开本模块素材文件"感动常在佳能.ppt"演示文稿。

2）选择菜单栏中的"文件"→"页面设置"命令，打开"页面设置"对话框，参照图 5-72 所示设置对话框。单击"确定"按钮，关闭对话框。

3）选择菜单栏中的"文件"→"打印"命令，打开"打印"对话框，如图 5-73 所示。

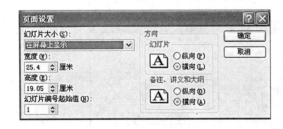

图 5-72

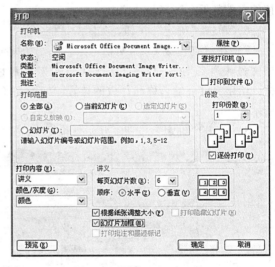

图 5-73

4）在"打印机"选项栏的"名称"下拉列表中选择已安装的打印机名称。

5）在"打印范围"选项栏中选择"全部"。

6）在"打印内容"下拉列表框中选择"讲义"，右侧的"讲义"栏被激活，在这里设置每页讲义上打印的幻灯片数量（最少两张、最多九张），并设置它们的排列顺序。

7）设置打印份数，单击"确定"按钮，即可开始打印。

技能与技巧

1. 用"内容提示向导"创建文稿

1）启动 PowerPoint 2003，选择菜单栏中的"文件"→"新建"命令，打开"新建演示文稿"面板。

2）在"新建演示文稿"面板中，单击"根据内容提示向导"链接，启动"内容提示向导"，如图 5 - 74 所示。

3）单击"下一步"按钮，选择演示文稿的类型，如图 5 - 75 所示。

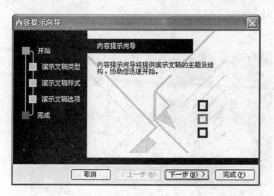

图 5 - 74

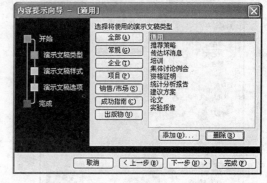

图 5 - 75

4）单击"添加"按钮，在打开的"选择演示文稿模板"对话框中选择本模块素材文件"沟通你我 . pot"，返回"内容提示向导"。在向导中的"选择将使用的演示文稿类型"列表框中，选择"沟通你我 . pot"，单击"下一步"按钮，如图 5 - 76 所示，选择输出类型。

5）选择"屏幕演示文稿"选项，单击"下一步"按钮，如图 5 - 77 所示。

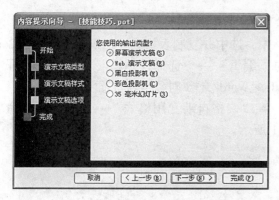

图 5 - 76

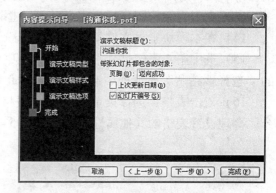

图 5 - 77

6）将演示文稿标题设置为"沟通你我"，页脚设置为"迈向成功"，勾选"幻灯片编号"项，单击"完成"按钮关闭向导，完成演示文稿创建。

7）选中第 2 张幻灯片，插入本模块素材文件"沟通 01 . jpg"，调整大小，将图片置于幻灯片页面左侧。

8）在"绘图"工具栏中选择"自选图形"→"标注"→"云形标注"命令，在幻灯片中绘制图形。

9）选中自绘图形，在"绘图"工具栏中选择"填充颜色"→"填充效果"命令，打开"填充效果"对话框。颜色选择"白色"，参照图 5 - 78 设置"填充效果"对话框的其他选项，单击"确定"按钮。

10）用鼠标右键单击自绘图形，在弹出的快捷菜单中选择"编辑文本"命令，参照本模块素材文件"沟通你我.doc"输入文本信息，并设置文本格式，效果如图5-79所示。

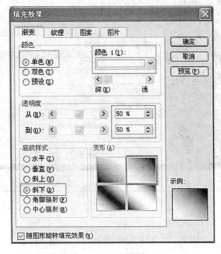

图5-78

图5-79

11）为自绘图形添加自定义动画"展开"。

12）参考本模块素材文件"沟通你我.doc"中的内容，采用插入组织结构图的方法设计第3张幻灯片，参考效果如图5-80所示。

13）为组织结构图添加自定义动画"擦除"。

14）在本模块素材文件"沟通你我.doc"中，选中并复制表格。

15）选中第4张幻灯片，选择菜单栏中的"编辑"→"选择性粘贴"命令，在打开的"选择性粘贴"对话框中选择"Microsoft Office Word 文档 对象"项，插入表格。

16）双击表格，选择菜单栏中的"表格"→"表格自动套用格式"→"流行型"命令。合理设置表格的其他属性，效果如图5-81所示。

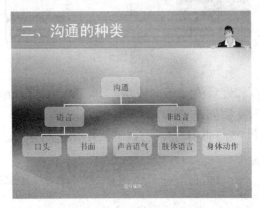

图5-80

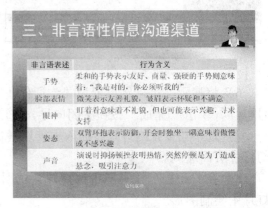

图5-81

2. 使用图表

1）选择第 5 张幻灯片，选择菜单栏中的"插入"→"图表"命令，打开"数据表"，参考本模块素材文件"沟通你我.doc"中的数据填充数据表，如图 5-82 所示。

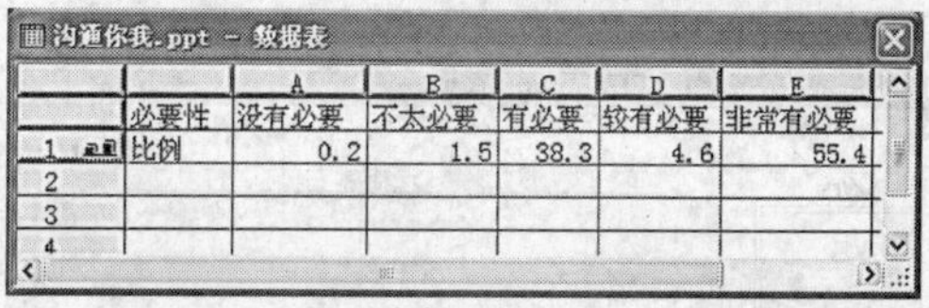

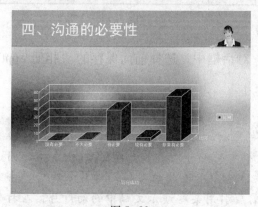

图 5-82

2）在工具栏中选择"三维柱形图"，合理设置图表的其他参数后，在幻灯片空白处单击鼠标左键，效果如图 5-83 所示。

3）为图表对象添加自定义动画"缩放"。

4）利用本模块素材文件"沟通你我.doc"和"沟通02.jpg"设计第 6 张幻灯片，效果如图 5-84 所示。

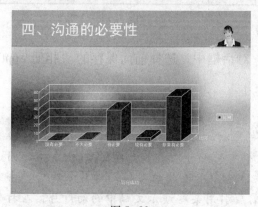

图 5-83

图 5-84

3. 创建相册

1）选择菜单栏中的"插入"→"图片"→"新建相册"命令，打开"相册"对话框，如图 5-85 所示。

2）单击"文件/磁盘"按钮，在打开的"插入新图片"对话框中选择本模块素材文件"沟通03.jpg"～"沟通08.jpg"，单击"创建"按钮，创建相册。

3）PowerPoint 2003 将相册建在一个新的演示文稿中，删除第 1 张幻灯片，如图 5-86 所示。将演示文稿用"相册.ppt"为文件名保存，关闭该演示文稿。

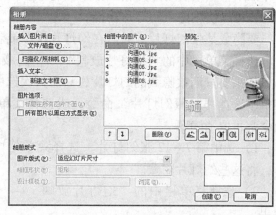

4. 引用其他演示文稿

1）在"沟通你我.ppt"文档中，将光标定位到第 6 张幻灯片之后。

图 5-85

2）选择菜单栏中的"插入"→"幻灯片（从文件）"命令，打开"幻灯片搜索器"对话框，如图 5-87 所示。

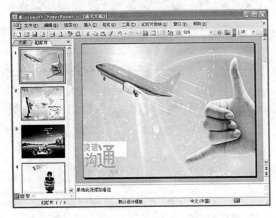

图 5 - 86

图 5 - 87

3）单击"浏览"按钮，在打开的"浏览"对话框中，选择前面保存的"相册.ppt"文件。

4）单击"全部插入"按钮，插入幻灯片。

💡 注意　如果需要引用演示文稿中的所有幻灯片，直接单击"全部插入"按钮即可；如果需要引用演示文稿中的部分幻灯片，按住 < Ctrl > 键的同时，用鼠标单击不同的幻灯片，选中不连续的多幅幻灯片，然后单击"插入"按钮即可；如果经常需要引用某些演示文稿中的幻灯片，在打开相应的演示文稿后，单击"添加到收藏夹"按钮，以后可以通过"收藏夹标签"进行快速调用。

5. 隐藏幻灯片

如果希望某些幻灯片在正常放映时不被显示，只有单击它的超级链接或动作按钮时才出现，可以使用隐藏幻灯片功能。

要隐藏某张幻灯片，只需在幻灯片视图或者幻灯片浏览视图下，选中希望隐藏的幻灯片，选择菜单栏中的"幻灯片放映"→"隐藏幻灯片"命令即可。

如果要取消被隐藏的幻灯片，只需再次选中该幻灯片，单击鼠标右键，在弹出的快捷菜单中选择"隐藏幻灯片"命令，或选择菜单栏中的"幻灯片放映"→"隐藏幻灯片"命令都可取消隐藏。

1）选中第 7 ~ 12 张幻灯片，选择菜单栏中的"幻灯片放映"→"隐藏幻灯片"命令，将这些幻灯片隐藏。

2）选择菜单栏中的"幻灯片放映"→"观看放映"命令，播放演示文稿，查看效果。

💡 注意　被隐藏的幻灯片编号上将显示一个带有斜线的灰色小方框，注意观察。

3）选中第 6 张幻灯片上的图片，选择菜单栏中的"插入"→"超链接"命令，打开"插入超链接"对话框。在"链接到"列表框中选择"本文档中的位置"，在"请选择文档中的位置"列表框中选择"(7)幻灯片7",如图5-88所示。

4)单击"确定"按钮,关闭对话框。

5)选择菜单栏中的"幻灯片放映"→"观看放映"命令,放映演示文稿,查看效果。

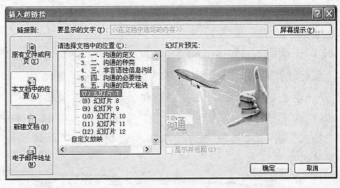

图5-88

6. "保存"特殊字体

为了获得好的效果,通常会在幻灯片中使用一些非常漂亮的字体。可是将幻灯片复制到演示现场进行播放时,这些字体变成了普通字体,甚至还因字体而导致格式变得不整齐,严重影响演示效果。在这种情况下,可采用"嵌入TrueType字体"功能,解决这个问题。

1)选择菜单栏中的"文件"→"另存为"命令,打开"另存为"对话框,单击"工具"按钮,在下拉菜单中选择"保存选项"命令,如图5-89所示。

2)在弹出的"保存选项"对话框中,勾选"嵌入TrueType字体"项,然后根据需要选择"只嵌入所用字符"或"嵌入所有字符"项,如图5-90所示。

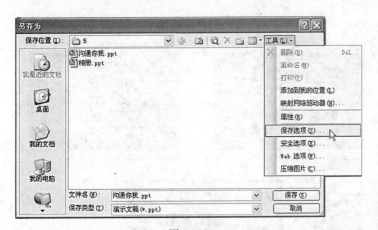

图5-89

图5-90

3)单击"确定"按钮并保存文档。

综 合 训 练

1)启动PowerPoint 2003,选择菜单栏中的"格式"→"幻灯片设计"命令,打开幻灯片设计任务窗格。

2)在幻灯片设计任务窗格中,选择应用"诗情画意.POT"模板。

3)选中标题幻灯片,按下<Ctrl+C>组合键,接着按下<Ctrl+V>组合键6次,复制6张标题幻灯片。

4)选择菜单栏中的"视图"→"母版"→"幻灯片母版"命令,打开幻灯片母版视图。

5）将标题母版和幻灯片母版的标题样式的字体都设置为"黑体"，"字号"为"44"，并使用阴影。

6）选中幻灯片母版，选择菜单栏中的"幻灯片放映"→"动作按钮"→"上一张"命令，在幻灯片母版右下角绘制一个按钮，自行设置格式。

7）单击"关闭母版视图"按钮，返回普通视图。

8）选中第1张标题幻灯片，在"绘图"工具栏中单击"插入图片"图标按钮，在打开的"插入图片"对话框中选择本模块素材文件"翠海.jpg"，单击"插入"按钮，插入图片并合理调整图片大小。

9）在"绘图"工具栏中单击"文本框"图标按钮，插入一个文本框，输入文本"翠海"，设置文本"字体"为"黑体"，"字号"为"44"。

10）双击文本框，打开"设置文本框格式"对话框，将填充颜色设置为"白色"，透明度设置为"50%"，单击"确定"按钮，关闭对话框。

11）选中文本框，在"绘图"工具栏中单击"阴影样式"图标按钮，将文本框的阴影样式设置为"阴影样式13"，效果如图5-91所示。

图5-91

12）参照上述步骤8）～11），设计第2～5张幻灯片，效果如图5-92所示。

1

2

3

4

5

图5-92

13）选中第6张标题幻灯片，在"绘图"工具栏中单击"插入图片"图标按钮，在打开的"插入图片"对话框中选择本模块素材文件"九寨沟.jpg"，单击"插入"按钮，插入图片并合理调整图片大小。

14）插入艺术字"翠海 叠瀑 彩林 雪峰 藏情"，样式自选。

15）插入文本框，输入文本"水乳交融　美不胜收　九寨沟"，自行设置文字格式，参考效果如图5-93所示。

16）选中第7张标题幻灯片，在"绘图"工具栏中单击"插入图片"图标按钮，在打开的"插入图片"对话框中选择本模块素材文件"导游图.jpg"，单击"插入"按钮，插入图片并合理调整图片大小。

17）在"绘图"工具栏中单击"自选图形"→"基本形状"→"圆角矩形"图标按钮，在图片中"盆景海"文字上方插入一个圆角矩形。

18）选中圆角矩形，在"绘图"工具栏中单击"填充颜色"右侧的箭头按钮，选择"无填充颜色"，同时设置"线条颜色"为"红色"，线型为"3磅"。

19）选中圆角矩形，按住<Ctrl>键不放，将圆角矩形拖移至图中文本"诺日朗瀑布"上方释放鼠标，复制圆角矩形，合理调整大小。

20）同上方法复制圆角矩形到图中文本"熊猫海"、"剑岩悬泉"、"五彩池"和"长海"上方，效果如图5-94所示。

图5-93

图5-94

21）单击工具栏中的"新幻灯片"按钮，插入第8张幻灯片。在"幻灯片版式"面板中选择"标题、文本与内容"版式。

22）选中文本框，设置线条颜色为"棕色"，"线型"为"6磅"，合理调整大小。

23）选中第8张幻灯片，按下<Ctrl+C>组合键，接着按下<Ctrl+V>组合键5次，复制5张幻灯片。

24）再次选中第8张幻灯片，参考本模块素材文件"旅游推介.doc"中的内容输入文本。

25）单击图片占位符，插入本模块素材文件"盆景海.jpg"。选中图片，设置线条颜色为"棕色"，"线型"为"6磅"，合理调整大小，效果如图5-95所示。

图5-95

26）同上方法分别设计第 9 ~ 13 张幻灯片，效果如图 5 - 96 所示。

图 5 - 96

27）选中第 8 ~ 13 张幻灯片，选择菜单栏中的"幻灯片放映"→"隐藏幻灯片"命令，隐藏这 6 张幻灯片。

28）选中第 7 张幻灯片，选择图片中"盆景海"文字上方的圆角矩形，选择菜单栏中的"插入"→"超链接"命令，插入到第 8 张幻灯片的链接。

29）用同样的方法为其他圆角矩形插入相应的超链接。

30）选中第 7 张幻灯片，在"绘图"工具栏中单击"自选图形"→"基本形状"→"笑脸"图标按钮，在图片右下方绘制一个笑脸图形对象。

31）选中笑脸图形对象，选择菜单栏中的"幻灯片放映"→"自定义动画"命令，打开"自定义动画"面板。选择"添加效果"→"动作路径"→"绘制自定义路径"→"曲线"命令，在图片中从笑脸图形对象开始沿公路走向绘制曲线到文字"盆景海"旁边，双击鼠标结束绘制，然后设置动画效果的"速度"为"非常慢"。

32）选中笑脸图形对象，再次选择"添加效果"→"动作路径"→"绘制自定义路径"→"曲线"命令，在图片中从文字"盆景海"旁边开始沿公路走向绘制曲线到文字"诺日朗瀑布"旁边，双击鼠标结束绘制，然后设置动画效果的"速度"为"非常慢"。

33）同样的方法在图片中从文字"诺日朗瀑布"旁边开始沿公路走向绘制曲线到文字"熊猫海"旁边。

34）同样的方法在图片中从文字"熊猫海"旁边开始沿公路走向绘制曲线到文字"剑岩悬泉"旁边。

35）同样的方法在图片中从文字"剑岩悬泉"旁边开始沿公路走向绘制曲线到文字"五彩池"旁边。

36）同样的方法在图片中从文字"五彩池"旁边开始沿公路走向绘制曲线到文字"长海"旁边。最终效果如图 5 - 97 所示。

37）选中第 1～5 张幻灯片，选择菜单栏中的"幻灯片放映"→"幻灯片切换"命令，打开"幻灯片切换"面板。

38）在"幻灯片切换"面板中，选择"向右擦除"效果，勾选"单击鼠标时"和"每隔"项并输入时间"10"。

39）选择其余幻灯片，在"幻灯片切换"面板中，选择"向右擦除"效果，勾选"单击鼠标时"项。

40）用文件名"旅游推介.pps"保存演示文稿，放映并测试效果。

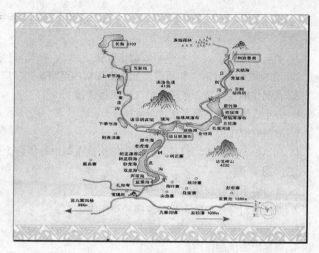

图 5-97

提示　前 5 张幻灯片自动播放，在第 6 张幻灯片上停止，单击鼠标播放第 7 张幻灯片。在第 7 张幻灯片中单击鼠标左键，"笑脸"会沿着公路走向移动到文本"盆景海"旁边，单击文本"盆景海"，会打开第 8 张幻灯片。单击第 8 张幻灯片底部的"上一张"按钮，返回第 7 张幻灯片。再次单击鼠标左键，"笑脸"会继续沿着公路走向前行至下一处，直到行至文本"长海"旁边，单击鼠标将结束放映。

思考与练习

一、选择题

1. PowerPoint2003 的主要功能是（　　）。

A. 创建演示文稿　　　　B. 数据处理　　　　C. 图像处理　　　　D. 文字编辑

2. PowerPoint2003 下保存演示文稿的扩展名是（　　）。

A. xls　　　　B. doc　　　　C. ppt　　　　D. txt

3. 使用（　　）可以方便的统一幻灯片的风格。

A. 超链接　　　　B. 动作　　　　C. 母版　　　　D. 打包

4. 要从头播放演示文稿，可按（　　）键。

A. < Shift + F5 >　　　　B. < F5 >　　　　C. < Ctrl + F5 >　　　　D. < Alt + F5 >

5. 浏览模式下选择分散的多张幻灯片应按住（　　）键后进行选择。

A. < Shift >　　　　B. < Ctrl >　　　　C. < Tab >　　　　D. < Alt >

6. 要查看整个演示文稿的内容，可使用（　　）。

A. 普通视图　　　　B. 大纲视图　　　　C. 幻灯片浏览视图　　　　D. 幻灯片放映视图

7. 要在切换幻灯片时发出声音，应（　　）。

A. 在幻灯片中插入声音　　　　　　B. 设置幻灯片切换声音

C. 设置幻灯片切换效果　　　　　　D. 设置声音动作

8. 幻灯片打包的目的是（　　）。

A. 为了备份　　　　B. 保存到自己的移动设备上

C. 和保存的功能一样　　　　D. 可以在没有安装 PowerPoint 软件的计算机上放映幻灯片

9. 当幻灯片内插入了图片、表格、艺术字等难以区别层次对象时，可用（　　）定义各对象显示顺序和动画效果。

A. 动画效果　　　　　　　B. 动作按钮　　　　　　C. 自定义动画　　　　　D. 动画预览

10. 在放映幻灯片时，如果需要从第 2 张切换至第 5 张，应（　　）。

A. 在制作时建立第 2 张转至第 5 张的超链接

B. 停止放映，双击第 5 张后再放映

C. 放映时双击第 5 张就可切换

D. 用鼠标右键单击幻灯片，在弹出的快捷菜单中选择第 5 张

二、思考题

1. 简述使用向导创建演示文稿的步骤。

2. 如何在幻灯片中插入超级链接和动作按钮？

3. 放映幻灯片的常用方法有哪几种？

4. 简述绘图笔的作用。

5. 简述幻灯片打包的方法。

三、操作题

1. 搜集资料调查一下自己家乡近三年来的变化，制作一个演示文稿。主要完成以下操作：

1）创建演示文稿，在"根据设计模板"选项中选择自己喜欢的一种模板。

2）将文档另存并命名为"我的家乡"。

3）利用母版统一风格。

4）要求在幻灯片中插入家乡美丽的图片，并为自己的演示文稿添加背景音乐。

5）为幻灯片设置不同的动画效果。

6）打包演示文稿。

2. 制作"自我推荐"演示文稿，内容包括"基本信息"、"个人专长"和"自我推荐"等。

3. 为自己的亲人或朋友制作生日祝福贺卡演示文稿。

4. 搜索"环境保护"方面的文字、图片和视频等资料，制作"爱护共同家园"演示文稿。

模块 6　制作网页

学习目标

1) 了解利用 FrontPage 2003 制作网页的流程。
2) 能够熟练运用网页元素并灵活地设置其属性。
3) 熟练掌握使用框架和表格布局网页。
4) 熟练掌握多媒体网页的创建方法。
5) 了解网页发布的基本步骤和方法。

任务 6.1　制作基本网页

任务目标

1) 掌握新建网页的方法。
2) 能够设置网页的属性。
3) 熟悉插入网页元素的基本操作和属性设置方法。

6.1.1　相关知识

1. FrontPage 2003

FrontPage 2003 是微软公司推出的 Office 2003 套装软件的重要组成部分。其融合了网页管理、网页编辑、网页发布和网站维护等多种功能，提供了"所见即所得"的网页编辑环境。与其他 Office 套件一样，在 FrontPage 中集成了大量的网页模板和网站向导。使用 FrontPage 可以在不掌握 HTML 语言或不具备编程基础知识的情况下，设计出界面优美、功能完善的网站。FrontPage 2003 的工作界面如图 6-1 所示。

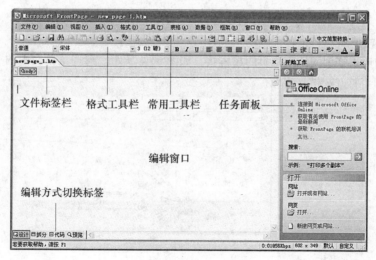

图 6-1

2. 网页视图

网页视图是 FrontPage 中最常用的工作界面。网页的创建、编辑和预览等基本操作都是在此视图中进行的。网页视图窗口底部有"设计"、"拆分"、"代码"和"预览"4个标签，它们分别控制着网页的4种显示模式。

1）设计模式：能够以"所见即所得"的方式编辑网页，可以在其中输入文本、插入图片和插入表格等，也可任意修改。

2）代码模式：可以查看或编辑网页的源代码。

3）拆分模式：将窗口分为上下两部分，上部分是代码区，下部分是设计区，无论哪个区域发生变化，都会反映在另一区域。

4）预览模式：不保存网页即可看到网页在 Web 浏览器中的显示效果。

3. 文件夹视图

在文件夹视图下，网站显示为一组文件和文件夹。在此视图下可以对网站中的文件夹和各种文件进行管理，如图6-2所示。选择菜单栏中的"视图"→"文件夹"命令，即可打开文件夹视图。

4. 导航视图

导航视图用于管理网站中各网页的层次关系的结构图。可以通过鼠标将结构图中的网页拖到新位置来改变链接结构，如图6-3所示。选择菜单栏中的"视图"→"导航"命令，即可打开导航视图。

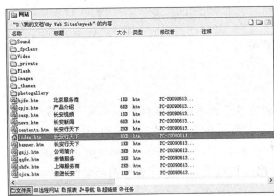

图6-2

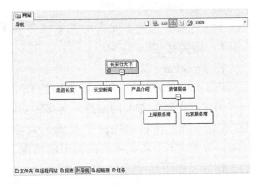

图6-3

5. 超链接视图

超链接视图用于管理网站中网页的超链接，如图6-4所示。选择菜单栏中的"视图"→"超链接"命令，即可打开超链接视图。

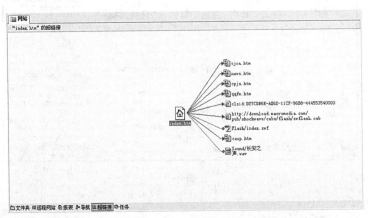

图6-4

6. 网页元素

构成网页的常见元素有文本、图片、超链接、表格、表单以及各种动态元素等。

1）文本：网页上的文字信息。

2）图片：Web 页面中加入图片元素，可以增强页面的视觉效果。

3）超链接：在 Web 页面中，当将鼠标指针移动到超链接所在的位置时，鼠标指针的形状将变成手形。在超链接上单击鼠标，浏览器将会打开超链接所对应的目的页面。

4）表格：可以用于分类输出信息，页面信息定位，也是布局页面的主要手段。

5）表单：表单是用来与访问者交互的页面元素集合，它可以包含按钮和下拉菜单等元素，供访问者输入需要进行交互的信息。

6）多媒体：Web 页面中插入的图片、音频、视频剪辑及各种动态元素。

7. 超级链接类型

浏览器中的常用链接可以分为文本超链接、图像超链接、页内超链接和电子邮件超链接 4 种类型。根据是否被访问，超链接又可分为未访问链接、已访问链接和当前链接 3 种。在浏览器中，这 3 种链接可以由不同的颜色表示。

8. 设计 Web 站点的一般步骤

1）规划网站：确定目的和类型，确定总体结构。

2）准备素材：准备文本、图像等素材。

3）创建站点并制作网页：创建站点，制作网页，组织管理。

4）测试 Web 站点：检查文本、图形和链接是否到位，进行精确调整和修改。

5）发布 Web 站点：上传到 Internet 上。

6）维护和更新：对上传到 Internet 上的网站进行经常性的更新与修改等。

9. Web 组件

Web 组件是 FrontPage 2003 所提供的一些动态的程序部件，用户只要在页面中插入这些现成的组件就能自动完成 Web 站点上的许多任务而无需编写程序或脚本。当使用浏览器浏览包含 Web 组件的页面时，相应的 Web 组件将在服务器端运行并根据客户端的请求生成动态的 Web 页面传递给客户端的浏览器。

10. 动态字幕

使用字幕组件可以在页面中插入滚动文字，这些动态文字可以用于提示一些需要引起用户注意的信息，一般都是暂时性的。

6.1.2 任务实现

1. 创建站点

1）启动 FrontPage 2003，选择菜单栏中的"文件"→"新建"命令，打开新建任务窗格。

2）在"新建"面板的"新建网站"选项栏中单击"由一个网页组成的网站"链接，如图 6-5 所示，打开"网站模板"对话框。

3）在打开的"网站模板"对话框中，选择"常规"选项卡，选中"只有一个网页的网站"项，在"指定新网站的位置"文本框中输入新网站的位置及名称，如"d:\我的文档\My Web Sites\myweb"，如图 6-6 所示。

4）单击"确定"按钮，系统自动显示文件夹列表并打开文件夹视图，如图 6-7 所示。可以发现，所创建的站点只有一个空白网页"index. htm"和两个文件夹，其中"_ private"文件夹用来存放一些对网络浏览者不可见的信息，"images"可用于存储图形文件。

图 6-5

图 6-6

新建网页 新建文件夹　　　　　新建网页 新建文件夹

图 6-7

提示　　　　在访问网站的时候，服务器必须能够自动地确定哪个页面是首页，一般规定一个网站的首页必须是以"index"或"default"为文件名，以".html"或者".htm"为扩展名。在 FrontPage 中默认是"index.htm"。

5）首先单击文件夹列表中顶部的根目录，然后单击"新建文件夹"按钮，如图 6-7 所示，新建一个文件夹"New_Folder"，重命名为"Flash"，用来存放动画文件。

6）再次单击文件夹列表中顶部的根目录，然后单击"新建文件夹"按钮，将新建的文件夹重命名为"Sound"，用来存放音频文件。

7）采用同样的方法新建文件夹并命名为"Video"，用来存放视频文件。完成文件夹创建后的文件夹视图如图 6-8 所示。

图 6-8

8）选择菜单栏中的"文件"→"关闭网站"命令，关闭站点。

9）打开"资源管理器"，找到网站根目录，如"d:\我的文档\My Web Sites\wyweb"，查看目录结构。

2. 新建网页

1）在 FrontPage 2003 中，选择菜单栏中的"文件"→"打开网站"命令，在打开的"打开网站"对话框中找到前面创建的网站根目录，单击"打开"按钮，打开网站。

2）首先单击文件夹列表中顶部的根目录，然后单击"新建网页"按钮，新建一个网页。

3）在文件夹列表中将网页重命名为"gsjj.htm"，在文件夹视图中修改网页标题为"公司简介"，如图 6-9 所示。

3. 设置网页背景属性

1）在文件夹列表中双击"gsjj.htm"，网页将在窗口右侧的网页视图中打开。

2）选择菜单栏中的"视图"→"标尺与网格"→"显示标尺"命令，显示标尺。

3）选择菜单栏中的"格式"→"背景"命令，或在网页空白处单击鼠标右键，在弹出的快捷菜单中选择"网页属性"命令，打开"网页属性"对话框。选择"格式"选项卡，设置背景颜色为"银白"，文本颜色为"黑色"，其他默认，如图 6-10 所示。

图 6-9   图 6-10

4）单击"确定"按钮，关闭对话框。

4. 输入文本

1）在网页中单击鼠标，定位插入点，切换到中文输入法，输入"长安汽车股份有限公司简介"。

2）选中文本"长安汽车股份有限公司简介"，在"格式"工具栏中设置字体为"黑体"，字号为"3（12 磅）"，居中对齐。

5. 插入水平线

1）按 <Enter> 键换行，选择菜单栏中的"插入"→"水平线"命令，插入一条水平线。

2）用鼠标右键单击水平线，在弹出的快捷菜单中选择"水平线属性"命令，打开"水平线属性"对话框。设置宽度为"80"（窗口宽度百分比），高度为"2"像素，居中对齐，如图 6-11 所示。单击"确定"按钮，关闭对话框。

6. 插入图片

1）按 <Enter> 键换行，选择菜单栏中的"插入"→"图片"→"来自文件"命令，打开"图片"对话框。

2）在打开的"图片"对话框中，选择本模块素材文件"caqc001. jpg"，单击"确定"按钮，将图片插入网页中。

3）选定图片，在图片上单击鼠标右键，在弹出的快捷菜单中选择"图片属性"命令，打开"图片属性"对话框。

4）选择"外观"选项卡，设置"环绕样式"为"无"，"对齐方式"为"居中"，其他默认，如图6-12所示。单击"确定"按钮，关闭对话框。

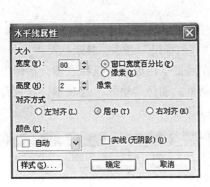

图6-11

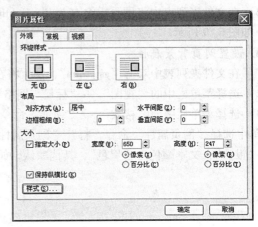

图6-12

5）选择菜单栏中的"视图"→"工具栏"→"图片"命令，打开"图片"工具栏。单击"增加亮度"按钮，增加图片的亮度；单击"增加对比度"按钮，增加图片的对比度；单击"凹凸效果"按钮，为图片添加三维效果。

6）打开本模块素材文件"公司简介. txt"，全选内容并复制。

7）返回FrontPage页面视图，将光标定位在图片右侧，按<Enter>键换行，选择菜单栏中的"编辑"→"粘贴"命令，插入文本资料。

8）选中文本资料，在"格式"工具栏中设置字体为"宋体"，字号为"3（12磅）"，左对齐。

9）将光标定位到第1自然段后，在"图片"工具栏中单击"插入图片"图标按钮，插入本模块素材文件"caqc002. jpg"。在图片上单击鼠标右键，在弹出的快捷菜单中选择"图片属性"命令，打开"图片属性"对话框。设置"环绕样式"为"右"，水平间距为"10"，垂直间距为"10"，图片宽度设置为"300"像素。单击"确定"按钮，关闭对话框。

10）选中文本"长安行天下！"，在"格式"工具栏中设置字体为"黑体"，字号为"5（18磅）"，居中对齐，字体颜色为"红色"。

7. 插入日期和时间

1）按<Enter>键换行，选择菜单栏中的"插入"→"日期和时间"命令，打开"日期和时间"对话框。

2）选择"上次编辑此网页的日期"项，在"日期格式"下拉列表框中选择一种日期格式，如图6-13所示。单击"确定"按钮，关闭对话框。

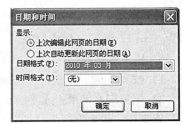

图6-13

8. 插入超链接

1）按<Enter>键换行，输入文本"返回首页"。选中文本，选择菜单栏中的"插入"→"超链接"命令，打开"插入超链接"对话框。

2）在"插入超链接"对话框中，在"链接到"列表框中选择"原有文件或网页"项，"查找范围"选择"当前文件夹"，选择首页文件"index.htm"，如图6-14所示。单击"确定"按钮，关闭对话框。

图6-14

3）选择菜单栏中的"文件"→"保存"命令，保存网页文件。此时将打开"保存嵌入式文件"对话框，如图6-15所示。

> **技巧**　　　在"页面视图"顶部，在相应的文件名标签上单击鼠标右键，也可以"保存"或"关闭"文件。

4）单击"确定"按钮，关闭对话框，对话框中列出的图片文件将保存到网站的"images"文件夹中。

> **注意**　　　要更改文件夹，可单击"更改文件夹"按钮，在打开的对话框中选择文件夹即可。

5）单击"代码"切换标签，切换到代码视图，查看一下由FrontPage自动生成的代码。

6）单击"拆分"切换标签，切换到拆分视图，体验一下双栏编辑环境。

7）单击"预览"切换标签，切换到预览视图，查看设计效果。

9. 使用主题

1）单击"设计"切换标签，切换到设计视图。选择菜单栏中的"格式"→"主题"命令，打开"主题"面板，单击不同的主题，查看效果，最后选择"凝固"主题，效果如图6-16所示。

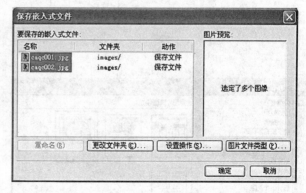

图6-15

2）保存并关闭页面。

10. 使用"图片库"

1）新建一个网页，在文件夹列表中将网页重命名为"cpjs.htm"，在文件夹视图中修改网页标

图 6-16

题为"产品介绍",打开该网页。

2)为该网页应用"凝固"主题。

3)选择菜单栏中的"插入"→"Web 组件"命令,打开"插入 Web 组件"对话框,在"组件类型"列表中选择"图片库",在"选择图片库选项"列表中选择"幻灯片版式",如图 6-17所示。

4)单击"完成"按钮,打开"图片库属性"对话框。单击"添加"按钮,选择"图片来自文件"项,如图 6-18 所示。

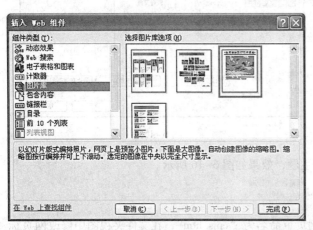

图 6-17

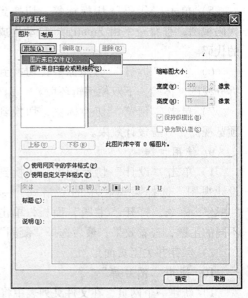

图 6-18

5）在打开的"打开"对话框中，选择本模块素材文件"志翔.jpg"，载入图片。选择"使用自定义字体格式"项，自行设置字体格式，在标题栏输入"长安志翔"，如图6-19所示。

6）同上方法载入本模块素材文件"杰勋.jpg"、"悦翔.jpg"和"奔奔.jpg"，如图6-20所示。

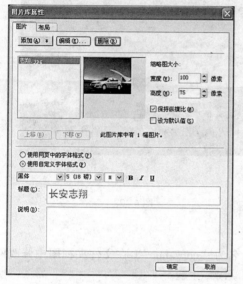

图6-19　　　　　　　　　　　　　　图6-20

7）单击"确定"按钮，关闭对话框。单击"预览"标签，预览效果。

11. 插入交互式按钮

1）单击"设计"标签，返回设计视图，在图片库后单击并按 < Enter > 键换行。选择菜单栏中的"插入"→"交互式按钮"命令，打开"交互式按钮"对话框。

2）在打开的"交互式按钮"对话框中，选择"按钮"选项卡，在"按钮"列表框中选择按钮样式"企业5"，在"文本"文本框中输入"返回主页"，在"链接"文本框中输入超链接目标"index. htm"，如图6-21所示。

> 提示　　　可以在"字体"选项卡中设置按钮文字的字体、对齐方式和颜色等。在"图像"选项卡中设置按钮大小和各种状态图像等。

3）单击"确定"按钮，效果如图6-22所示，保存网页。

12. 使用项目符号与编号

1）新建一个网页，在文件夹列表中将网页重命名为"bjfw. htm"，在文件夹视图中修改网页标题为"北京服务"，打开该网页并为该网页应用"凝固"主题。

2）打开本模块素材文件"北京服务商.txt"，将其中的内容复制到网页中。

3）按 < Enter > 键换行，分隔服务商，在服务商之间插入水平线。选择第一个服务商，选择菜单栏中的"格式"→"项目符号与编号"命令，为其添加项目符号。

4）同样的方法为其他服务商添加项目符号，自行设置字体格式，效果如图6-23所示，保存网页。

5）新建一个网页，在文件夹列表中将网页重命名为"shfw. htm"，在文件夹视图中修改网页标题为"上海服务"，打开该网页并为该网页应用"凝固"主题。使用上述方法参照本模块素材文件"上海服务商.txt",设计上海服务商网页并保存网页。

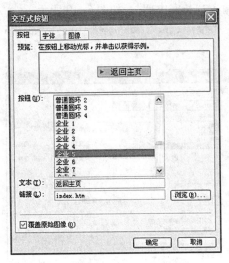

图 6-21

图 6-22

13. 使用"字幕"

1）新建一个网页,在文件夹列表中将网页重命名为"qqfw.htm",在文件夹视图中修改网页标题为"亲情服务",打开该网页并为该网页应用"凝固"主题。

2）输入文本"亲情服务",在"格式"工具栏中设置字体为"黑体",字号为"5（18磅）",居中对齐,字体颜色为"红色"。

3）选择菜单栏中的"插入"→"Web组件"命令,打开"插入Web组件"对话框。在"组件类型"列表框中选择"动态效果",在"选择一种效果"列表框中选择"字幕"。单击"完成"按钮,打开"字幕属性"对话框,在文本右侧的文本框中输入"新增24小时服务热线4008840066,目前,长安公司共有服务热线号码（023）67086666、8008070888和4008840066,将为广大客户提供更加优质的亲情服务",勾选"宽度"项,宽度设置为"80"（百分比）,其他参数默认,如图6-24所示。

图 6-23

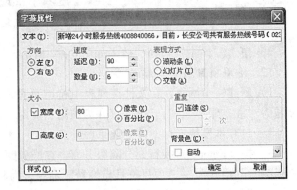

图 6-24

4）单击"确定"按钮,关闭对话框。

5）将光标置于字幕后，按 < Enter > 键换行，插入一条水平线，再按 < Enter > 键换行。

14. 使用热点区域链接

1）打开"图片"工具栏，单击"插入文件中的图片"图标按钮，插入本模块素材文件"map. jpg"。

2）选中图片，单击"图片"工具栏中的"长方形热点"图标按钮，将鼠标移动到图片上，指针变为画笔状，在图片中的"北京"文本上方绘制矩形区域，释放鼠标左键后，会突出显示热点，同时打开"插入超链接"对话框。

3）在打开的"插入超链接"对话框中选择"bjfw. htm"网页，单击"确定"按钮，关闭对话框。

4）按同样的方法为图片中的"上海"绘制矩形热点区域，并添加到"shfw. htm"网页的超链接。

5）参照前面的方法在网页底部插入一个返回到首页的交互式按钮，预览并保存网页，效果如图6-25所示。

15. 使用表格

1）新建一个网页，在文件夹列表中将网页重命名为"news. htm"，在文件夹视图中修改网页标题为"长安新闻"，打开该网页并为该网页应用"凝固"主题。

2）在页面单击鼠标，设置居中对齐方式，输入标题文本"长安新闻"，自行设置字体格式。

3）按 < Enter > 键换行，插入一条水平线。

4）按 < Enter > 键换行，选择菜单栏中的"视图"→"工具栏"→"表格"命令，显示表格工具栏。

5）选择菜单栏中的"表格"→"插入"→"表格"命令，打开"表格属性"对话框，如图6-26所示。

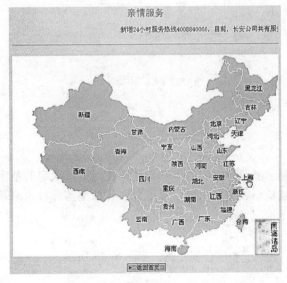

图 6-25

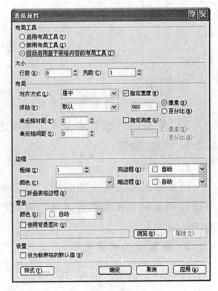

图 6-26

6）参照图 6 - 26 设置对话框。单击"确定"按钮，插入一个 8 行 1 列的表格。

7）将光标置于第一行第一列单元格内，单击"表格"工具栏中的"拆分单元格"图标按钮，将这个单元格拆分成两个单元格。

> ☀ 提示　　　FrontPage 中表格的操作方法和 Word 中表格的操作方法类似，其他很多工具的使用方法也类似，可参照 Word 中的操作方法操作。

8）将光标置于左侧单元格内，选择菜单栏中的"插入"→"图片"→"来自文件"命令，插入本模块素材文件"caqc003. jpg"，参照本模块素材文件"长安新闻. doc"内容，借助"Offices 剪贴板"输入表格内容，并自行设置文字格式。

9）参照前面的方法在网页底部插入一个返回到首页的交互式按钮，效果如图 6 - 27 所示。预览并保存网页，退出 FrontPage 2003。

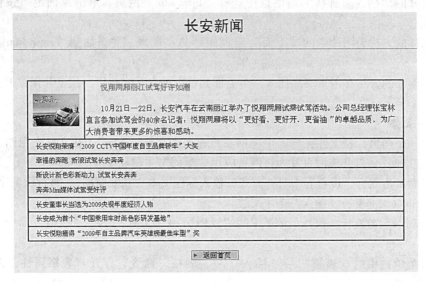

图 6 - 27

任务 6.2　布 局 网 页

任务目标

1）掌握使用表格布局网页的方法。

2）掌握使用框架布局网页的方法。

6.2.1　相关知识

1. 网页布局

网页布局指将文字和图形、图像等页面元素，根据特定的内容和主题，在网页所限定的范围中进行视觉的关联和配置，从而将设计意图以视觉形式表现出来。常用表格和框架两种技术来帮助进行网页布局。

2. 网页布局的类型

网页的布局大体分为左右、左中右、上下、上中下和混合等几类，如图 6 - 28 所示。

1）上下或左右结构：不要将上下或是左右平分，最好采用黄金分割比例进行划分。

2）上中下结构：一般中间占大约60%，上面占30%，下面占10%。

3）左中右结构：一般左占40%，中右各占30%；或是左右占30%，中间占40%。

总的说来，布局一定要注意尽量避免平分页面。

图6-28

3. 网页布局的方法

目前实现网页布局比较常用的方法主要有表格和框架两种。

1）表格布局。用表格实现网页的整体布局，即先利用表格把各种不同内容分割开来，做好总体的布局设计，然后再向表格中的单元格里插入图片、文字、视频等相应的网页元素。在浏览时，可以隐藏表格的网格线，这样做可以使整个网页整齐、规范和清晰。

2）框架布局。添加框架能够将浏览器屏幕分割成若干个窗口，每一个这样的窗口被称为框架。而由这些窗口组合而成的结构被称为框架网页。在页面内容多而杂乱时，框架结构可以有效地划分页面内容，可以将许多网页分层次有条理地结合在一起，使零散的网页变成一个有机的整体，方便客户快速查找所需内容。

4. 网页排版的原则

1）平衡性。文字和图像等要素在空间上分布均匀，色彩搭配要平衡协调。

2）对称性。绝对的对称不可取，可利用各种要素制造变化，适当地打破对称。

3）对比性。可利用不同的形态和色彩等元素相互对比，来形成鲜明的视觉效果。

4）疏密度。网页要做到疏密有度，不要整个网页一种样式，要适当留白。可以运用空格，改变行间距和字间距等制造一些疏密变化的效果。

6.2.2 任务实现

1. 使用表格布局

1）启动FrontPage 2003，打开"myweb"网站。在文件夹视图中将主"index.htm"的标题设置为"长安行天下"。

2）打开主页，打开"网页属性"对话框。选择"高级"选项卡，将上、下、左、右边距设置为"0"，将边距宽度与边距高度也设置为"0"，如图6-29所示。

3）单击"确定"按钮，关闭对话框。选择菜单栏中的"视图"→"工具栏"→"表格"命令，显示"表格"工具栏。

4）选择菜单栏中的"视图"→"描摹图像"→"设置"命令，打开"描摹图像"对话框。单击"浏览"按钮，在打开的"图片"对话框中选择本模块素材文件"表格布局.jpg"，单击"插入"按钮，返回到"描摹图像"对话框，如图6-30所示。

5）拖动滑块调整"不透明度"，如"75%"。单击"确定"按钮，返回页面视图。

 提示　　　"不透明度"不要设置为"0%"。

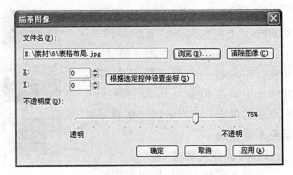

图 6 - 29　　　　　　　　　　　　　图 6 - 30

6）在"表格"工具栏中单击"绘制布局表格"图标按钮，此时鼠标指针变为绘图笔。移动鼠标到页面左上角，按下左键不放，拖动至图形右下角，释放鼠标，即可绘制一个布局表格，如图 6 - 31 所示。

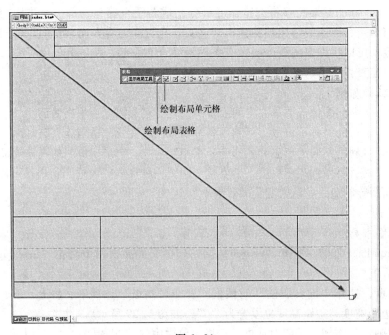

图 6 - 31

7）在"表格"工具栏中单击"绘制布局单元格"图标按钮，绘制左上角单元格，如图 6 - 32 所示。

图 6 - 32

8）同样的方法参照背景图形绘制其他单元格，如图 6 - 33 所示。

☀ 提示　　　单击一次"绘制布局单元格"按钮，只能绘制一个单元格，要接着绘制下一个单元格，需要再次单击"绘制布局单元格"按钮。为了便于描述，在图 6 - 33 中，每个单元格中都添加了字母标记。

9）选择菜单栏中的"视图"→"描摹图像"→"设置"命令，再次打开"描摹图像"对话框，在对话框中单击"清除图像"按钮，清除背景图像，关闭"描摹图像"对话框。

10）为该网页应用"凝固"主题。

11）单击顶部标签"table"，选中整个表格（如图 6 - 33 中顶部所示）。用鼠标右键单击表格，在弹出的快捷菜单中选择"表格属性"命令，打开"表格属性"对话框。单击"背景"选项栏中的"颜色"下拉列表框，在打开的列表中选择"其他颜色"命令，打开"其他颜色"对话框，如图 6 - 34 所示。

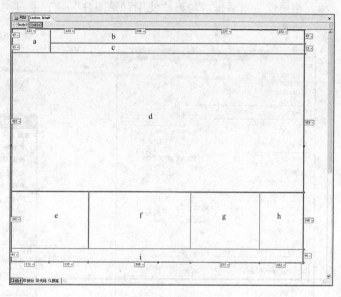

图 6 - 33

12）单击"其他颜色"对话框中的"选择"按钮，鼠标指针将变为吸管形状。移动鼠标到网页灰色背景上单击，拾取背景颜色。单击"确定"按钮，关闭"其他颜色"对话框。在"表格属性"对话框中，单击"确定"按钮，这样将使表格背景颜色与主题的背景颜色相一致。

13）在单元格 a 中单击鼠标，插入本模块素材文件"logo. gif"。

14）在单元格 b 中单击鼠标，插入 1 行 9 列表格，指定宽度为"100%"，其他参数设置为"0"。勾选"使用背景图片"项，通过

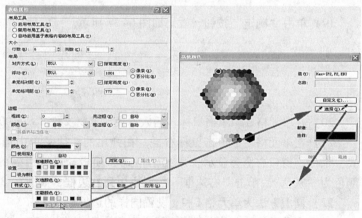

图 6 - 34

浏览载入本模块素材文件"bg1. gif"，如图 6 - 35 所示。单击"确定"按钮，关闭对话框。

15）在插入表格的第一个单元格中单击鼠标，插入本模块素材文件"index_ gold. gif"。在后面的单元格中依次输入"经销商查询"、"｜"、"服务商查询"、"｜"、"下载中心"、"｜"和"精彩互动"。适当调整字体格式、单元格的大小和对齐方式。

✍ 技巧　　　符号"｜"可利用菜单栏中的"插入"→"符号"命令插入。

16）用同样的方法在单元格 c 中单击鼠标，插入 1 行 8 列表格，指定宽度为"100%"，其他

参数设置为"0"。单击"确定"按钮，关闭对话框。

17）在插入表格的第一个单元格中单击鼠标，插入本模块素材文件"menu1. gif"。在后面的 6 个单元格中依次插入本模块素材文件"menu2. gif"、"menu3. gif"、"menu4. gif"、"menu5. gif"、"menu6. gif"和"menu7. gif"。

18）在第 8 个单元格中单击鼠标右键，在弹出的快捷菜单中选择"单元格属性"命令，打开"单元格属性"对话框。勾选"使用背景图片"项，通过浏览载入本模块素材文件"bg2. gif"，如图 6 - 36 所示。

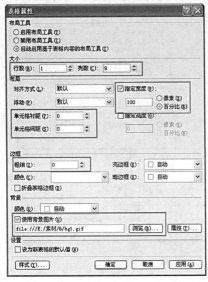

图 6 - 35 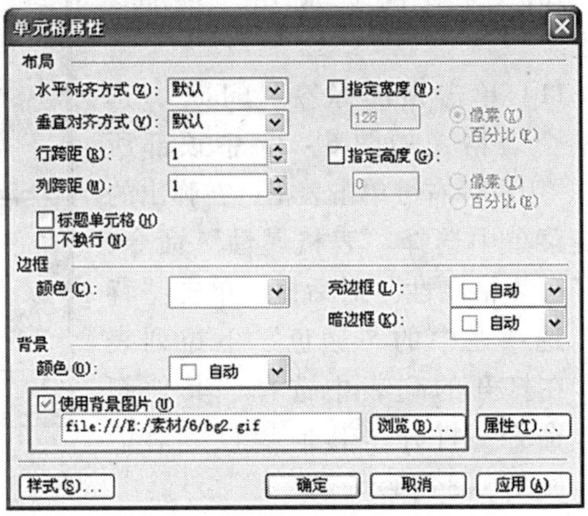   图 6 - 36

19）单击"确定"按钮，效果如图 6 - 37 所示。

图 6 - 37

20）在单元格 d 中单击鼠标，插入本模块素材文件"caqc004. jpg"。

21）在单元格 e 中单击鼠标右键，在弹出的快捷菜单中选择"单元格格式"命令，窗口右侧会显示"单元格格式"面板。设置边框的宽度为"1"，颜色为"灰色"，单击"右边框"按钮应用到右边框，如图 6 - 38 所示。

22）同上方法为单元格 f 和 g 设置同样的边框格式。

23）在单元格 e 中单击鼠标，插入 3 行 1 列表格，指定宽度为"100％"，其他参数设置为"0"，单击"确定"按钮，关闭对话框。

24）单击新插入表格的第 2 行，在其中插入水平线。选中新插入的表格，按下 < Ctrl + C >组合键复制表格。

25）分别在单元格 f、g 和 h 中单击鼠标，按下 < Ctrl + V >组合键粘贴表格。

26）在这 4 个新表格的第一行分别输入"长安视频 ►"、"长安新闻 ►"、"新品快照 ►"和"服务热线 ►"。

图 6 - 38

📝 技巧 | 符号"▶"可利用菜单栏中的"插入"→"符号"命令插入，字体分类为"Wingdings 3"。

27）图片可参照图 6 - 39 所示调用本模块对应素材文件，文本可参照图 6 - 39 所示输入并设置格式。

图 6 - 39

28）在单元格 i 中单击鼠标，设置单元格背景色为"银白色"，输入文本"长安汽车股份有限公司 版权所有"，自行设置格式，完成网页设计并保存。

29）单击"预览"标签，预览效果，如图 6 - 40 所示。

图 6 - 40

2. 使用框架布局

1）选择菜单栏中的"文件"→"新建"命令，打开"新建"面板。

2）在"新建"面板的"新建网页"选项栏中单击"其他网页模板"链接，打开"网站模板"对话框。选择"框架网页"选项卡，选择"横幅和目录"模板，如图 6 - 41 所示。

3）单击"确定"按钮，网页窗口将新建一个框架网页，如图 6 - 42 所示。刚创建的框架网页呈灰色，由标题框架（即页面顶端框架）、目录框架（左框架）和主框架（右框架）3 个框架组成。

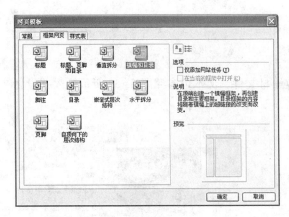

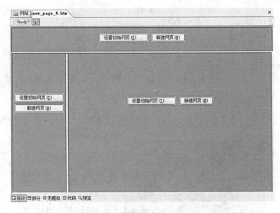

图 6 - 41　　　　　　　　　　　　　图 6 - 42

4）单击"标题框架"中的"新建网页"按钮，在当前框架里插入了一个新的空白网页，并为该网页应用"凝固"主题。

5）打开"网页属性"对话框，在"网页属性"的"高级"选项卡中，将上、下、左、右边距设置为"0"，将边距宽度与边距高度也设置为"0"。

6）插入本模块素材文件"caqc007. jpg"，移动鼠标到横向框架边框上，当指针变成上下箭头时，拖动鼠标调整边框到图片能够完全显示为止，如图 6 - 43 所示。

图 6 - 43

7）单击"目录框架"中的"新建网页"按钮，在当前框架里插入了一个新的空白网页，为该网页应用"凝固"主题。

8）插入 9 行 1 列表格，指定宽度为"100%"，其他参数设置为"0"。

9）第一行输入"走进长安"，隔一行输入"▶ 公司简介"，接着依次隔行输入"▶企业文化"、"▶发展战略"和"▶企业构架"。自行调整字体格式和表格行距，如图 6 - 44 所示。

10）单击"主框架"中的"设置初始网页"按钮，将打开"插入超链接"对话框。选定网页"gsjj. htm"，单击"确定"按钮，关闭对话框。

11）在"目录框架"中单击鼠标右键，在弹出的快捷菜单上选择"框架属性"命令，打开"框架属性"对话框，如图 6 - 45 所示。

12）在"选项"选项栏中取消"可在浏览器中调整大小"复选框，"显

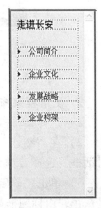

图 6 - 44

示滚动条"项设置为"不显示"。单击"框架网页"按钮，打开"网页属性"对话框，在"框架"选项卡中取消"显示边框"复选框，如图 6-46 所示。依次单击"确定"按钮，关闭对话框。

图 6-45

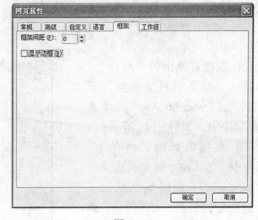

图 6-46

13）单击"预览"标签，效果如图 6-47 所示。

图 6-47

14）选择菜单栏中的"文件"→"保存"命令，打开"另存为"对话框。在该对话框的右侧，蓝色的部分表示当前正在保存的框架页面。

15）单击"更改标题"按钮，在打开的对话框中输入标题"走进长安"。

16）接着输入该页面的文件名"banner. htm"，单击"保存"按钮，如图 6-48 所示，正在保存的是标题框架页面。

图 6-48

194

由于这个网页是由 3 个框架组成，因此，每个框架中的网页都要保存。FrontPage 将会要求输入新建网页的文件名称，而对于设置的初始网页，则会自动保存。最后还将要求输入整个窗口文档的名称，这个文档包含框架页的一些基本信息。

17）在接着弹出的"另存为"对话框中，输入"目录框架"页面文件名"contents. htm"，单击"保存"按钮，如图 6-49 所示。

图 6-49

18）在接着弹出"另存为"对话框中，输入整个框架页面文件名"cjca. htm"，此时整个框架页面都被加亮，如图 6-50 所示，单击"保存"按钮。

19）在使用了框架的网页中，对任何一个超链接，将它的目标指定为另一个框架，它就能够在相应的框架中打开链接的网页。在"目录框架"页面中选中文本"企业简介"，在常用工具栏中单击"插入超链接"按钮图标，打开"插入超链接"对话框。在对话框中首先选择链接网页"gsjj. htm"，然后单击"目标框架"按钮，打开"目标框架"对话框，如图 6-51 所示。

图 6-50

图 6-51

20）在"目标框架"对话框中单击目标框架"main"，单击"确定"按钮，返回"插入超链接"对话框，再单击"确定"按钮，返回网页视图，即完成了一个超链接的创建操作。

21）单击"预览"标签，预览效果。保存网页，退出 FrontPage 2003。

任务6.3 制作多媒体网页

任务目标

1）了解在网络中常用的音频和视频文件格式。

2）掌握制作多媒体网页的方法和技巧。

6.3.1 相关知识

1. 音频

在网页中使用音频文件可以丰富网页的表现形式。音频文件的格式较多，常见的有 WAV、MID 和 MP3。

1）WAV。WAV 格式是声音品质很高的一种声音文件，但文件较大，在网上播放受到一定限制。

2）MID。MID 格式的声音文件是由电子乐器产生的，文件小，品质很好。

3）MP3。MP3 格式的音乐文件压缩比很大，音质也很好，它播放采用"流"方式，文件边下载边播放，节省了等待的时间，很适合网上播放。

WAV 文件和 MID 文件音乐直接由浏览器播放，不需要任何插件。但是，MP3 文件的播放需要浏览器有相应的插件或播放器如 Windows Media Player 播放器才能播放。

2. 视频

视频由活动的画面和声音组成，适当地使用视频文件可以增强网页的吸引力，使网页显得更加生动有趣，当前常用视频文件的主要格式有 AVI、MPEG、ASF 和 WMV。

1）AVI。AVI 格式的视频具有非常高的品质，但文件较大。

2）MPEG。MPEG 格式是 VCD 采用的格式，文件较小，但效果不如 AVI 格式。

3）ASF。ASF 格式是一种可以直接在网上观看视频节目的文件压缩格式，文件很小，图像质量也较高，是目前网上应用较多的视频格式。

4）WMV。WMV 是微软推出的一种流媒体格式，在同等视频质量下，WMV 格式的体积非常小，因此很适合在网上播放和传输。

大部分视频的播放都需要浏览器安装相应的插件，如果浏览器的版本在 IE5 以上，由于其中内置了 Windows Media Player，因此可以不用安装插件，直接播放 AVI 和 WMV 等格式的视频文件。

3. Flash 动画

随着 Flash 技术的不断发展，Flash 动画成为网络上传递图片与声音的主要手段之一。目前主要的浏览器都支持 Flash 动画的播放。

在网上播放的 Flash 动画为 SWF 格式。SWF 格式是经过压缩优化的一种文件格式，具有较高的品质和丰富的动画效果，文件非常小，特别适合在网上播放。

6.3.2 任务实现

1. 使用视频

1）启动 FrontPage 2003，打开"myweb"网站，新建一个网页，在文件夹列表中将网页重命名为"casp.htm"，在文件夹视图中修改网页标题为"长安视频"。

2）打开该网页，应用"凝固"主题。

3）在网页中单击鼠标，设置居中对齐格式，输入文本"长安视频"，自行设置字体格式。

4）按 < Enter > 键换行，插入一条水平线。

5）按 < Enter > 键换行，在网页中单击，选择菜单栏中的"插入"→"图片"→"视频"命令，打开"视频"对话框。在"查找范围"下拉列表框中找到本模块素材文件"长安视频1. wmv"，单击"打开"按钮。

6）鼠标右键单击该视频文件占位符，然后从弹出的快捷菜单中选择"图片属性"命令，打开"图片属性"对话框。在该对话框中的"视频"选项卡中，勾选"不限次数"项，选择"开始"播放属性为"打开文件时"，如图 6 - 52 所示。

7）选择"外观"选项卡，取消"保持纵横比"项，勾选"指定大小"项，设置"宽度"为"768"（像素），"高度"为"576"（像素），单击"确定"按钮，关闭对话框，如图 6 - 53 所示。

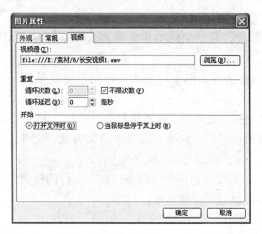

图 6 - 52

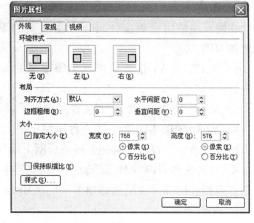

图 6 - 53

💡 **注意**　具体宽度与高度值要根据视频画面大小来确定，以避免失真。

8）保存网页，选择菜单栏中的"文件"→"在浏览器中浏览"→"Microsoft Internet Explorer 6.0"命令，在浏览器中打开文件，查看效果。

💡 **注意**　保存网页时要将视频文件保存到网站的视频文件夹"Video"中。

2. 使用插件播放背景音乐

1）打开主页"index. htm"，单击页面，选择菜单栏中的"插入"→"Web 组件"命令，打开"插入 Web 组件"对话框。

2）在"组件类型"列表框中选择"高级控件"项，在"选择一个控件"列表框中选择"插件"项，如图 6 - 54 所示，单击"完成"按钮。

3）在打开的"插件属性"对话框中，单击"数据源"文本框右侧的"浏览"按钮，在打开"选择插件数据源"对话框中，选择本模块素材文件"长安之声. wav"，单击"打开"按钮，返回"插件属性"对话框。在"浏览器不支持插件时显示的消

图 6 - 54

息"文本框内输入"您的浏览器不支持插件"提示信息,其他选项都采用默认设置,如图 6 - 55 所示。

4)单击"确定"按钮,关闭对话框,网页窗口会出现一个插件的图标,如图 6 - 56 所示。

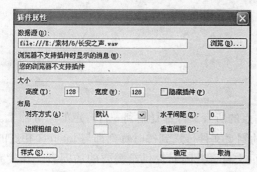

图 6 - 55

图 6 - 56

5)单击模式切换栏中的"预览"标签,预览网页,聆听音乐插件带来的效果。

6)重新打开"插件属性"对话框,在"大小"栏中勾选"隐藏插件"复选框,单击"确定"按钮。当前插入的音频文件被作为页面的背景音乐,工作窗口不再出现插件的图标。

7)保存网页并预览效果。

💡 **注意**　保存网页时要将音频文件保存到网站的音频文件夹"Sound"中。

3. 使用动画

1)在主页"index. htm"中,删除图片"caqc004. jpg",在该空白单元格中单击鼠标,选择菜单栏中的"插入"→"图片"→"Flash 影片"命令,打开"选择文件"对话框。

2)在打开的"选择文件"对话框中,选择本模块素材文件"index. swf",单击"插入"按钮,网页窗口会出现一个插件图标。

3)用鼠标右键单击插件图标,打开"Flash影片属性"对话框,取消"保持纵横比"项,勾选"指定大小"项,设置"宽度"为"1000"(像素),"高度"为"459"(像素),其他参数默认,如图 6 - 57 所示。单击"确定"按钮,关闭对话框。

图 6 - 57

4)保存网页并预览效果。

💡 **注意**　保存网页时要将动画文件保存到网站的动画文件夹"Flash"中。

5)在首页建立主页到相关页面的超链接,包括:"走进长安"到"cjca. htm"的超链接;"新闻动态"到"news. htm"的超链接;"产品展厅"到"cpjs. htm"的超链接;"服务中心"到"qqfw. htm"的超链接;"长安视频"到"casp. htm"的超链接。

6)保存网页,退出 FrontPage 2003。

任务 6.4 发 布 网 页

任务目标

1）了解 FrontPage 中网站发布的概念。

2）掌握网页的发布和管理方法。

6.4.1 相关知识

1. 网站发布

所谓"Web 网页发布"，就是要将组成站点的所有文件都复制到一台特定的服务器上。发布的过程也就是上传文件的过程，即将自己制作的网页文件传送到每时每刻都与 Internet 相连的 Web 服务器上。这台计算机将会随时保存上传的网页文件，并随时提供给需要的访问者。在发布之前必须组织好站点结构，并维护正确的超链接状态，同时要在本地计算机上完成测试工作。

2. Web 服务器

Web 服务器是一个存有 Web 站点、脚本、数据库和其他相关文件，并可从浏览器上访问页面的软件或计算机。

3. FrontPage 服务器扩展程序

FrontPage 服务器扩展程序指的是一系列服务器端的应用程序，Web 服务器可以使用这些程序来提供许多复杂功能。如果 Web 服务器上提供了 FrontPage 服务器扩展程序，发布步骤将更简单一些。

4. 发布前的准备

在发布网站之前，需要做一些准备工作。

1）检测网站。检查断开的超链接，确认网页的外观，测试网站的各项操作能否正常工作。一个简单方法是在 Web 浏览器上进行预览并且浏览网站，检查所有文件的状态。

2）申请存储空间。如果要将网站发布到 Internet 上，还需要一个 ISP 为网站提供存储空间，这就需要向 ISP 申请建立网站，以便获得 Web 服务器的地址、用户名称和密码。

> ☀ 提示　　　有一些网站提供免费的主页服务，可以登录提供免费主页服务的网站，按照向导操作即可。

3）标记不发布的网页。在默认情况下，当发布网站时，FrontPage 将把所有的文件标记为发布，并将它们发布到 Web 服务器上。如果有些文件暂时不需要发布，可以将其标记为不发布。在"文件夹视图"中，用鼠标右键单击不想发布的网页文件，选择弹出的快捷菜单中的"不发布"命令即可。

6.4.2 任务实现

1. 标记不发布的网页

1）启动 FrontPage 2003，打开"myweb"网站，打开"文件夹视图"，用鼠标右键单击不想发布的网页，如"bjfw. htm"，在弹出的快捷菜单中，单击"不发布"命令，即将其标记为不发布，如图 6 - 58 所示。

2）打开该网页，打开"网页属性"对话框，选择"工作组"选项卡，如图 6 - 59 所示。可以看到，选项"发布网站的其余部分时不包含此文件"复选框已被选中，这也是标记不发布网页的另一种方法。如果需要发布该文件时，可以将它的状态更改为发布，即取消该复选框。

图 6-58

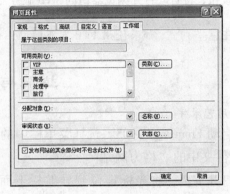

图 6-59

2. 发布网站

1）打开要发布的网站。

> 提示　如果向已安装了 Microsoft FrontPage 2003 服务器扩展的网站服务器上发布网站，可以使用 HTTP（超文本传输协议）来发布。否则，必须使用 FTP（文件传输协议）来发布网站。使用 HTTP 发布网站，需要知道 Web 服务器的 URL。使用 FTP 发布网站，需要知道 FTP 服务器名称和目录路径。此外，还需要有登录 Web 服务器的用户名称和密码。

2）选择菜单栏中的"文件"→"发布网站"→"远程网站"命令，打开"远程网站属性"对话框。在"远程网站"选项卡中，在"远程 Web 服务器类型"下选择"FrontPage 或 SharePoint Services"项，在"远程网站位置"文本框中，键入要将文件夹和文件发布到其上的远程网站的 Internet 地址（包括协议），如图 6-60 所示。

3）在"远程网站属性"对话框中，选择"发布"选项卡，选择所需选项。如果需要将当前网站中的子网站发布到 Web 服务器上，需要选中"包含子网站"复选框。如果要更新 Web 网站服务器上的文件，需要选中"只发布更改过的网页"复选框，如图 6-61 所示。

图 6-60

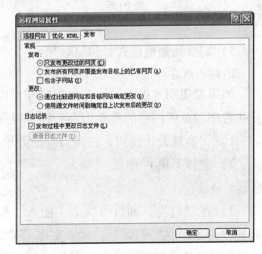

图 6-61

4）单击"确定"按钮，开始发布网站。网站发布结束，将返回发布结果。单击"查看您的远程网站"按钮，将自动打开浏览器访问 Web 服务器上的网站。

 注意　　如果使用 FTP 发布网站，会出现要求输入用户名和密码的对话框。

技能与技巧

1. 使用艺术字

1）启动 FrontPage 2003，选择菜单栏中的"文件"→"打开网站"命令，打开本模块素材文件夹中的"格力网站"。

2）打开首页，将光标定位到导航栏下面表格中的中间单元格内，选择菜单栏中的"插入"→"图片"→"艺术字"命令，打开"艺术字库"对话框。选择第 1 种样式，单击"确定"按钮，打开"编辑'艺术字'文字"对话框。

3）在"编辑'艺术字'文字"对话框中，设置字体为"黑体"，字号"24"，在"文字"下的文本框中输入文本"格力掌握核心科技　引领中国创造"，如图 6-62 所示。单击"确定"按钮，关闭对话框。

4）单击"艺术字"工具栏中的"艺术字形状"图标按钮，在弹出的形状列表中，选择"波形 2"图标，如图 6-63 所示。

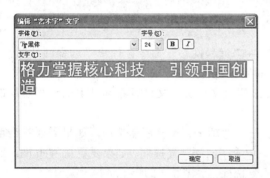

图 6-62

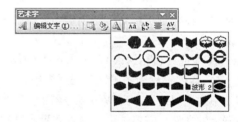

图 6-63

5）切换到预览模式，预览效果。

2. 弹出消息

如果希望别人进入网站首页的时候可以看见一个弹出的消息框，通过该消息框来显示一些希望浏览者注意的重要内容，则可以通过下述方法实现。

1）切换到设计模式，在网页空白处单击鼠标。

2）选择菜单栏中的"格式"→"行为"命令，打开"行为"面板，如图 6-64 所示。

3）在"行为"面板中单击"插入"按钮，在弹出的菜单中选择"弹出消息"命令，打开"弹出消息"对话框。输入文本"众志成城　共克时艰　爱心滋润干旱的心田　格力电器 680 万元助西南灾区抗旱"，如图 6-65 所示。

图 6 - 64

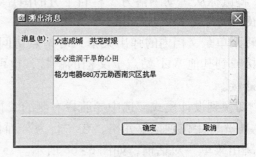

图 6 - 65

4）单击"确定"按钮，关闭对话框。

5）切换到预览模式，预览效果。

💡 **注意**　在插入此行之前，一定要在网页空白处单击鼠标，否则可能无法实现预期效果。

3. 设置状态栏文本

在网页打开后，可以让浏览器的状态栏自动显示设置的文本。这种效果可使用"设置状态栏文本"命令实现。

1）切换到设计模式，在网页空白处单击鼠标。

2）在"行为"面板中选择"插入"→"设置文本"→"设置状态栏的文本"命令，打开"设置状态栏的文本"对话框。输入文本"中国的格力　世界的名牌"，如图 6 - 66 所示。

3）单击"确定"按钮，关闭对话框。

4）切换到预览模式，预览效果。

图 6 - 66

4. 使用翻转图像

"交换图像"指在鼠标划过图像时将图像自动和另一个图像进行交换。鼠标离开后，图像自动还原。

1）切换到设计模式，在"动感格力"栏目下方的图片上单击鼠标，选择图片。

2）在"行为"面板中选择"插入"→"交换图像"命令，打开"交换图像"对话框。

3）在"交换图像"对话框中，通过浏览载入本模块素材文件"2010po. jpg"，勾选"Mouseout 事件后还原"项，如图 6 - 67 所示。

图 6 - 67

4）单击"确定"按钮，关闭对话框。

5）切换到预览模式，移动鼠标到"动感格力"栏目下方的图片上，查看效果。

6）将鼠标从"动感格力"栏目下方的图片上移开，查看效果。

5. 使用跳转菜单

跳转菜单是文档内的弹出菜单，对站点访问者可见，可以创建到整个 Web 站点内文档的链接或到其他 Web 站点上文档的链接，也可以创建到可在浏览器中打开的任何文件类型的链接。

1）切换到设计模式，选中导航栏右侧的"搜索"按钮，单击 < Delete > 键删除。

2）将光标定位到该单元格，在"行为"面板中选择"插入"→"跳出菜单"命令，打开"跳出菜单"对话框，如图 6-68 所示。

3）在"跳出菜单"对话框中，单击"添加"按钮，打开"添加选择"对话框。在"选择"下方的文本框中输入"格力下属公司"，如图 6-69 所示。

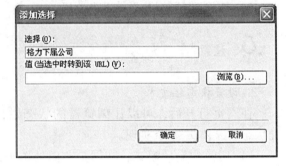

图 6-68   图 6-69

4）单击"确定"按钮，关闭对话框，返回"跳出菜单"对话框。

5）在"跳出菜单"对话框中，再次单击"添加"按钮，打开"添加选择"对话框。在"选择"下方的文本框中输入"格力电器重庆有限公司"，在"值"下方的文本框中输入格力电器重庆有限公司的网址"http：//www. greecq. net"，如图 6-70 所示。

6）单击"确定"按钮，关闭对话框，返回"跳出菜单"对话框。

7）在"跳出菜单"对话框中，再次单击"添加"按钮，打开"添加选择"对话框。在"选择"下方的文本框中输入"格力电工有限公司"，在"值"下方的文本框中输入格力电工有限公司的网址"http：//www. greewire. com"，单击"确定"按钮，关闭对话框，返回"跳出菜单"对话框。

8）在"跳出菜单"对话框中，在"URL 的打开方式"下拉列表中选择"新窗口"，勾选"在 URL 更改后选中第一项"选项，如图 6-71 所示。

9）单击"确定"按钮，关闭对话框。

10）切换到预览模式，单击跳出菜单中的选项，查看效果。

6. 使用电子邮件超链接

1）切换到设计模式，选中网页标题栏中的文本"联系我们"，选择菜单栏中的"插入"→"超链接"命令，打开"编辑超链接"对话框。

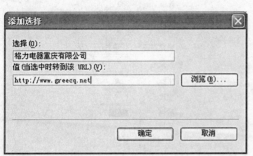

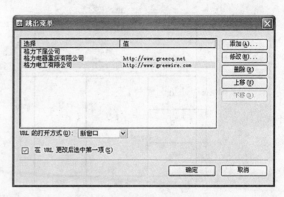

图 6-70 图 6-71

2）在"链接到"列表框中选择"电子邮件地址"，在"电子邮件地址"下方文本框中输入"8617555 @ gree. com. cn"，在"主题"下方文本框中输入"建议"，如图 6-72 所示。

3）单击"确定"按钮，关闭对话框。切换到预览模式，单击"联系我们"超链接，将打开关联的电子邮件管理软件，查看效果。

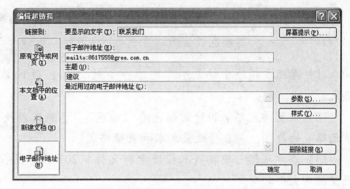

图 6-72

4）保存网页，退出 FrontPage 2003。

综 合 训 练

1）启动 FrontPage 2003，新建一个名称为"地球一小时"，由一个网页组成的网站。

2）打开主页，将标题设置为"地球一小时"，背景颜色设置为"黑色"，上、下、左、右边距设置为"0"，边距宽度与边距高度也设置为"0"。

3）绘制布局表格，尺寸为"1000 像素×930 像素"。

4）参照图 6-73 绘制布局单元格。

5）在单元格 a 中插入本模块素材文件"top. jpg"，并居中对齐。

6）将单元格 b 的背景设置为本模块素材文件"dh. jpg"。

7）在单元格 c 中插入本模块素材文件"l1. jpg"，并添加与本模块素材文件"r1. jpg"的"交换图像"行为。

8）在单元格 d 中插入本模块素材文件"l2. jpg"，并添加与本模块素材文件"r2. jpg"的"交换图像"行为。

9）在单元格 e 中插入本模块素材文件"l3. jpg"，并添加与本模块素材文件"r3. jpg"的"交换图像"行为。

10）参照图 6-74 设置单元格 f 的单元格格式。

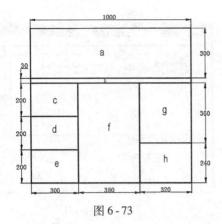

图 6-73 图 6-74

衬距设置为 "5"，背景设置为 "白色"，边框宽度设置为 "1"，边框颜色设置为 "黑色"，应用到 "左边框" 和 "右边框"。

11）参照本模块素材文件 "地球一小时 .txt"，设计单元格 f 的内容，并自行设置文本格式。

12）设置单元格 g 的背景颜色为 "白色"，参照本模块素材文件 "参加城市 .txt"，设计单元格 g 的内容，并自行设置文本和表格格式。

13）在单元格 h 中插入本模块素材文件 "2010. wmv"，要根据视频文件的实际尺寸大小调整插件大小。

14）保存网页，退出 FrontPage 2003，参考效果如图 6-75 所示。

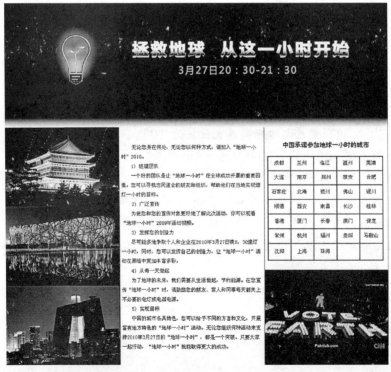

图 6-75

思考与练习

一、选择题

1. 在设置水平线的高度时，下列数值无效的是（　　　）。

A. 20　　　　　　　B. 70　　　　　　　C. 120　　　　　　　D. 60

2. 网页标题通常显示在浏览器的（　　　）。

A. 状态栏　　　　　B. 地址栏　　　　　C. 标题栏　　　　　D. 菜单栏

3. 在设置电子邮件超链接时，系统会自动在电子邮件地址前添加（　　　）。

A. mailto：　　　　B. httpto：　　　　C. ftpto：　　　　D. wwwto：

4. 在网页设计中，常用的布局方法是（　　　）。

A. 图片　　　　　　B. 表格　　　　　　C. 文本　　　　　　D. 菜单

5. 一般规定网站的首页必须是以（　　　）为文件名。

A. index. htm　　　B. 首页 . htm　　　C. shouye. htm　　　D. in. htm

6. 用于编辑网页的视图是（　　　）。

A. 文件夹　　　　　B. 超链接　　　　　C. 远程　　　　　　D. 网页

二、思考题

1. 在 FrontPage 2003 中如何设置网页的背景图和背景音乐？

2. 简述用框架布局网页的特点与优点。

3. 简述用 FrontPage 2003 制作网页的基本方法和步骤。

4. 在网页中能否实现图文混排，如能应如何实现？

5. 网页发布过程中需要注意哪些问题？

三、操作题

1. 利用本模块素材文件夹"我要地图"中的内容，创建如图 6 - 76 所示的网页。

图 6 - 76

2. 利用本模块素材文件夹"基金会"中的内容，使用"侧影"主题，创建如图 6 - 77 所示的网页。

206

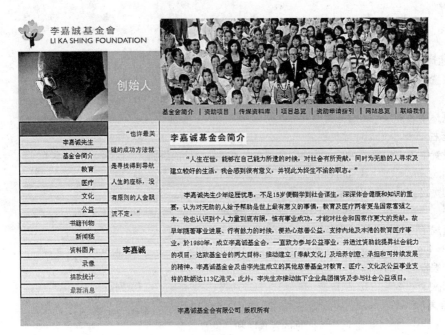

图 6 - 77

3. 根据自己的实际情况设计一个个人网站，要求包括"基本信息"、"个人专长"和"自我推荐"等栏目。

参 考 文 献

［1］许晞．计算机应用基础［M］．北京：高等教育出版社，2008．

［2］杨飞宇，孙海波．计算机应用基础项目教程［M］．北京：机械工业出版社，2009．

［3］吴振峰．计算机应用基础［M］．北京：高等教育出版社，2009．

［4］卜锡滨．大学计算机基础［M］．北京：人民邮电出版社，2007．

［5］王巍．计算机操作与应用［M］．北京：高等教育出版社，2009．